水利水电工程施工技术全书

第三卷 混凝土工程

第十二册

特种混凝土施工

吕芝林 等 编著

中国水利水电出版社
www.waterpub.com.cn

·北京·

内 容 提 要

本书是《水利水电工程施工技术全书》第三卷《混凝土工程》中的第十二册。本书系统阐述了水电工程中除常规的普通钢筋混凝土和碾压混凝土以外的一些特种混凝土及特殊结构混凝土材料的选用、配比、施工机具及施工方法等技术。主要内容包括：沥青混凝土、纤维混凝土、补偿收缩混凝土、自密实混凝土、水下混凝土、模袋混凝土、干贫混凝土、挤压混凝土、预应力混凝土等。

本书可作为水利水电工程施工领域的工程技术人员、工程管理人员和高级技术工人的工具书，也可供从事水利水电工程科研、设计、建设及运行管理和相关企事业单位的工程技术人员、工程管理人员使用，并可作为大专院校水利水电工程及机电专业师生教学参考书。

图书在版编目（CIP）数据

特种混凝土施工 / 吕芝林等编著. -- 北京 ： 中国
水利水电出版社，2016.12（2019.1重印）
（水利水电工程施工技术全书. 第三卷，混凝土工程；
第十二册）
ISBN 978-7-5170-5118-3

Ⅰ．①特… Ⅱ．①吕… Ⅲ．①特种混凝土－混凝土施
工 Ⅳ．①TU755

中国版本图书馆CIP数据核字(2016)第325160号

书　　名	水利水电工程施工技术全书 **第三卷　混凝土工程** **第十二册　特种混凝土施工** TEZHONG HUNNINGTU SHIGONG	
作　　者	吕芝林　等 编著	
出版发行	中国水利水电出版社 （北京市海淀区玉渊潭南路1号D座　100038） 网址：www. waterpub. com. cn E-mail：sales@waterpub. com. cn 电话：（010）68367658（营销中心）	
经　　售	北京科水图书销售中心（零售） 电话：（010）88383994、63202643、68545874 全国各地新华书店和相关出版物销售网点	
排　　版	中国水利水电出版社微机排版中心	
印　　刷	天津嘉恒印务有限公司	
规　　格	184mm×260mm　16开本　9.25印张　219千字	
版　　次	2016年12月第1版　2019年1月第2次印刷	
印　　数	2001—4000册	
定　　价	**39.00元**	

《水利水电工程施工技术全书》
编审委员会

顾　　问：潘家铮　中国科学院院士、中国工程院院士
　　　　　谭靖夷　中国工程院院士
　　　　　陆佑楣　中国工程院院士
　　　　　郑守仁　中国工程院院士
　　　　　马洪琪　中国工程院院士
　　　　　张超然　中国工程院院士
　　　　　钟登华　中国工程院院士
　　　　　缪昌文　中国工程院院士
名誉主任：范集湘　丁焰章　岳　曦
主　　任：孙洪水　周厚贵　马青春
副 主 任：宗敦峰　江小兵　付元初　梅锦煜
委　　员：（以姓氏笔画为序）

丁焰章	马如骐	马青春	马洪琪	王　军	王永平
王亚文	王鹏禹	付元初	江小兵	刘永祥	刘灿学
吕芝林	孙来成	孙志禹	孙洪水	向　建	朱明星
朱镜芳	何小雄	和孙文	陆佑楣	李友华	李志刚
李丽丽	李虎章	沈益源	汤用泉	吴光富	吴国如
吴高见	吴秀荣	肖恩尚	余　英	陈　茂	陈梁年
范集湘	林友汉	张　晔	张为明	张利荣	张超然
周　晖	周世明	周厚贵	宗敦峰	岳　曦	杨　涛
杨成文	郑守仁	郑桂斌	钟彦祥	钟登华	席　浩
夏可风	涂怀健	郭光文	常焕生	常满祥	楚跃先
梅锦煜	曾　文	焦家训	戴志清	缪昌文	谭靖夷
潘家铮	衡富安				

主　　编：孙洪水　周厚贵　宗敦峰　梅锦煜　付元初　江小兵
审　　定：谭靖夷　郑守仁　马洪琪　张超然　梅锦煜　付元初
　　　　　周厚贵　夏可风
策　　划：周世明　张　晔
秘 书 长：宗敦峰（兼）
副秘书长：楚跃先　郭光文　郑桂斌　吴光富　康明华

《水利水电工程施工技术全书》
各卷主（组）编单位和主编（审）人员

卷序	卷名	组编单位	主编单位	主编人	主审人
第一卷	地基与基础工程	中国电力建设集团（股份）有限公司	中国电力建设集团（股份）有限公司 中国水电基础局有限公司 葛洲坝基础公司	宗敦峰 肖恩尚 焦家训	谭靖夷 夏可风
第二卷	土石方工程	中国人民武装警察部队水电指挥部	中国人民武装警察部队水电指挥部 中国水利水电第十四工程局有限公司 中国水利水电第五工程局有限公司	梅锦煜 和孙文 吴高见	马洪琪 梅锦煜
第三卷	混凝土工程	中国电力建设集团（股份）有限公司	中国水利水电第四工程局有限公司 中国葛洲坝集团有限公司 中国水利水电第八工程局有限公司	席　浩 戴志清 涂怀健	张超然 周厚贵
第四卷	金属结构制作与机电安装工程	中国能源建设集团（股份）有限公司	中国葛洲坝集团有限公司 中国电力建设集团（股份）有限公司 中国葛洲坝建设有限公司	江小兵 付元初 张　晔	付元初
第五卷	施工导（截）流与度汛工程	中国能源建设集团（股份）有限公司	中国能源建设集团（股份）有限公司 中国葛洲坝集团有限公司 中国水利水电第八工程局有限公司	周厚贵 郭光文 涂怀健	郑守仁

《水利水电工程施工技术全书》
第三卷《混凝土工程》
编委会

主　　编：席　浩　戴志清　涂怀健

主　　审：张超然　周厚贵

委　　员：（以姓氏笔画为序）

牛宏力　王鹏禹　刘加平　刘永祥　刘志和

向　建　吕芝林　朱明星　李克信　肖炯洪

姬脉兴　席　浩　涂怀健　高万材　黄　巍

戴志清　魏　平

秘 书 长：李克信

副秘书长：姬脉兴　赵海洋　黄　巍　赵春秀　李小华

《水利水电工程施工技术全书》
第三卷《混凝土工程》
第十二册《特种混凝土施工》
编写人员名单

主　　编：吕芝林

审　　稿：周厚贵

编写人员：吕芝林　刘　嫦　任玉香　程春雨

　　　　　兰　芳　张海艳　刘亚进　符　强

　　　　　孙向楠　肖绪清　王　勇

序 一

　　水利水电工程建设在我国作为一项基础建设事业，已经走过了近百年的历程，这是一条不平凡而又伟大的创业之路。

　　新中国成立66年来，党和国家领导一直高度重视水利水电工程建设，水电在我国已经成为了一种不可替代的清洁能源。我国已经成为世界上水电装机容量第一位的大国，水利水电工程建设不论是规模还是技术水平，都处于国防领先或先进水平，这是几代水利水电工程建设者长期艰苦奋斗所创造出来的。

　　改革开放以来，特别是进入21世纪以后，我国的水利水电工程建设又进入了一个前所未有的高速发展时期。到2014年，我国水电总装机容量突破3亿kW，占全国电力装机容量的23％。发电量也历史性地突破31万亿kW·h。水电作为我国当前重要的可再生能源，为我国能源电力结构调整、温室气体减排和气候环境改善做出了重大贡献。

　　我国水利水电工程建设在新技术、新工艺、新材料、新设备等方面都取得了突破性的进展，无论是技术、工艺，还是在材料、设备等方面，都取得了令人瞩目的成就，它不仅推动了技术创新市场的活跃和发展，也推动了水利水电工程建设的前进步伐。

　　为了对当今水利水电工程施工技术进展进行科学的总结，及时形成我国水利水电工程施工技术的自主知识产权和满足水利水电建设事业的工作需要，全国水利水电施工技术信息网组织编撰了《水利水电工程施工技术全书》。该全书编撰历时5年，在编撰过程中组织了一大批长期工作在工程建设一线的中青年技术负责人和技术骨干执笔，并得到了有关领导、知名专家的悉心指导和审定，遵循"简明、实用、求新"的编撰原则，立足于满足广大水利水电工程技术人员的实际工作需要，并注重参考和指导价值。该全书内容涵盖了水利水电工程建设地基与基础工程、土石方工程、混凝土工程、金属结构制作与机电安装工程、施工导（截）流与度汛工程等内容的目标任务、原理方法及工程实例，既有理论阐述，又有实例介绍，重点突出，图文并茂，针对性及可操作性强，对今后的水利水电工程建设施工具有重要指导作用。

《水利水电工程施工技术全书》是对水利水电施工技术实践的总结和理论提炼，是一套具有权威性、实用性的大型工具书，为水利水电工程施工"四新"技术成果的推广、应用、继承、创新提供了一个有效载体。为大力推动水利水电技术进步和创新，推进中国水利水电事业又好又快地发展，具有十分重要的现实意义和深远的科技意义。

水利水电工程是人类文明进步的共同成果，是现代社会发展对保障水资源供给和可再生能源供应的基本需求，水利水电工程施工技术在近代水利水电工程建设中起到了重要的推动作用。人类应对全球气候变化的共识之一是低碳减排，尽可能多地利用绿色能源就成为重要选择，太阳能、风能及水能等成为首选，其中水能蕴藏丰富、可再生性、技术成熟、调度灵活等特点成为最优的绿色能源。随着水利水电工程建设与管理技术的不断发展，水利水电工程，特别是一些高坝大库能有效利用自然条件、降低开发运行成本、提高水库综合效能，高坝大库的（高度、库容）记录不断被刷新。特别是随着三峡、拉西瓦、小湾、溪洛渡、锦屏、向家坝等一批大型、特大型水利水电工程相继建成并投入运行，标志着我国水利水电工程技术已跨入世界领先行列。

近年来，我国水利水电工程施工企业积极实施走出去战略，海外市场开拓业绩突出。目前，我国水利水电工程施工企业在亚洲、非洲、南美洲多个国家承建了上百个水利水电工程项目，如尼罗河上的苏丹麦洛维水电站、号称"东南亚三峡工程"的马来西亚巴贡水电站、巨型碾压混凝土坝泰国科隆泰丹水利工程、位居非洲第一水利枢纽工程的埃塞俄比亚泰克泽水电站等，"中国水电"的品牌价值已被全球业内所认可。

《水利水电工程施工技术全书》对我国水利水电施工技术进行了全面阐述。特别是在众多国内外大型水利水电工程成功建设后，我国水利水电工程施工人员创造出一大批新技术、新工法、新经验，对这些内容及时总结并公开出版，与全体水利水电工作者分享，这不仅能促进我国水利水电行业的快速发展，提高水利水电工程施工质量，保障施工安全，规范水利水电施工行业发展，而且有助于我国水利水电行业走进更多国际市场，展示我国水利水电行业的国际形象和实力，提高我国水利水电行业在国际上的影响力。

该全书的出版不仅能提高水利水电工程施工的技术水平，而且有助于提高我国水利水电行业在国内、国际上的影响力，我在此向广大水利水电工程建设者、工程技术人员、勘测设计人员和在校的水利水电专业师生推荐此书。

2015 年 4 月 8 日

序　二

　　《水利水电工程施工技术全书》作为我国水利水电工程技术综合性大型工具书之一，与广大读者见面了！

　　这是一套非常好的工具书，它也是在《水利水电工程施工手册》基础上的传承、修订和创新。集中介绍了进入21世纪以来我国在水利水电施工领域从施工地基与基础工程、土石方工程、混凝土工程、金属结构制作与机电安装工程、施工导（截）流与度汛工程等方面采用的各类创新技术，如信息化技术的运用：在施工过程模拟仿真技术、混凝土温控防裂技术与工艺智能化等关键技术，应用了数字信息技术、施工仿真技术和云计算技术，实现工程施工全过程实时监控，使现代信息技术与传统筑坝施工技术相结合，提高了混凝土施工质量，简化了施工工艺，降低了施工成本，达到了混凝土坝快速施工的目的；再如碾压混凝土技术在国内大规模运用：节省了水泥，降低了能耗，简化了施工工艺，降低了工程造价和成本；还有，在科研、勘察设计和施工一体化方面，数字化设计研究面向设计施工一体化的三维施工总布置、水工结构、钢筋配置、金属结构设计技术，推广复杂结构三维技施设计技术和前期项目三维枢纽设计技术，形成建筑工程信息模型的协同设计能力，推进建筑工程三维数字化设计移交标准工程化应用，也有了长足的进步。因此，在当前形势下，编撰出一部新的水利水电施工技术大型工具书非常必要和及时。

　　随着水利水电工程施工技术的不断推进，必然会给水利水电施工带来新的发展机遇。同时，也会出现更多值得研究的新课题，相信这些都将对水利水电工程建设事业起到积极的促进作用。该全书是当今反映水利水电工程施工技术最全、最新的系列图书，体现了当前水利水电最先进的施工技术，其中多项工程实例都是曾经创造了水利水电工程的世界纪录。该全书总结的施工技术具有先进性、前瞻性，可读性强。该全书的编者们都是参加过我国大型水利水电工程的建设者，有着非常丰富的各专业施工经验。他们以高度的社会责任感和使命感、饱满的工作热情和扎实的工作作风，大力发展和创新水电科学技术，为推进我国水利水电事业又好又快地发展，做出了新的贡献！

近年来，我国水利水电工程建设快速发展，各类施工技术日臻成熟，相继建成了三峡、龙滩、水布垭等具有代表性的水电工程，又有拉西瓦、小湾、溪洛渡、锦屏、糯扎渡、向家坝等一批大型、特大型水电工程，在施工过程中总结和积累了大量新的施工技术，尤其是混凝土温控防裂的施工方法在三峡水利枢纽工程的成功应用，高寒地区高拱坝冬季施工综合技术在拉西瓦等多座水电站工程中的应用……，其中的多项施工技术获得过国家发明专利，达到了国际领先水平，为今后水利水电工程施工提供了参考与借鉴。

目前，我国水利水电工程施工技术已经走在了世界的前列，该全书的出版，是对我国水利水电工程建设领域的一大贡献，为后续在水利水电开发，例如金沙江上游、长江上游、通天河、黄河上游的水电开发、南水北调西线工程等建设提供借鉴。该全书可作为工具书，为广大工程建设者们提供一个完整的水利水电工程施工理论体系及工程实例，对今后水利水电工程建设具有指导、传承和促进发展的显著作用。

《水利水电工程施工技术全书》的编撰、出版是一项浩繁辛苦的工作，也是一项具有创造性的劳动过程，凝聚了几百位编、审人员近5年的辛勤劳动，克服各种困难。值此该全书出版之际，谨向所有为该全书的编撰给予关心、支持以及为此付出了辛勤劳动的领导、专家和同志们表示衷心的感谢！

2015 年 4 月 18 日

前 言

由全国水利水电施工技术信息网组织编写的《水利水电工程施工技术全书》第三卷《混凝土工程》共分十二册,《特种混凝土施工》为第十二册,由中国葛洲坝集团第五工程有限公司编写。

水电工程由于施工环境、运营环境极其复杂恶劣,常常对某些部位混凝土提出了许多特殊要求。这些混凝土工程量往往不大,但由于施工环境或使用条件的特殊性,其施工材料、工艺、方法、要求、需要的设备与常规大量使用的普通钢筋混凝土和碾压混凝土明显不同,其质量更难以控制,施工技术难度更大。

近年来,我国水电工程的大量兴建,新材料、新设备、新工艺不断推广应用,又形成了许多新的特殊混凝土施工技术,这些特殊混凝土技术为提高工程质量、降低工程成本,甚至解决工程遇到的难题提供了有效方法。

本书系统总结了我国近30年来在水电工程中使用的一些特殊混凝土和预应力混凝土结构工程的施工技术,共分10章,其内容和作者如下:第1章综述(吕芝林);第2章沥青混凝土(吕芝林、刘嫦、任玉香);第3章纤维混凝土(程春雨);第4章补偿收缩混凝土(兰芳);第5章自密实混凝土(任玉香、孙向楠);第6章水下混凝土(吕芝林);第7章模袋混凝土(王勇、张海艳);第8章干贫混凝土(刘亚进);第9章挤压混凝土(刘亚进、肖绪清);第10章预应力混凝土(吕芝林、符强)本书稿由中国能建集团周厚贵总工校阅和审核。

由于编者的水平有限,书中的谬误和不当之处在所难免,敬请读者不吝赐教。

作者

2016 年 10 月

目　录

1 综 述

混凝土是水电工程中最主要的建筑材料，由于水电工程施工环境、运营环境或结构的特殊性和复杂性，对混凝土的材料性能、施工工艺也提出了许多特殊要求。这些特殊性能或采用特殊工艺的混凝土与常规大量使用的普通钢筋混凝土和碾压混凝土的施工工艺、需要的设备、施工方法、施工要求明显不同。特别是近年来我国水电工程的大量兴建，新材料、新设备、新工艺不断的推广应用，又形成了许多新的特殊混凝土施工技术，特种混凝土和混凝土施工的特殊工艺也不断发展。这些特殊混凝土技术为提高工程质量，降低工程成本，甚至解决工程遇到的难题提供了有效手段。

如在土石坝和土石围堰中为适应坝体变形大的特点，最早一般采用黏土心墙进行防渗。由于黏土抗渗漏稳定性差，易流失，我国于 20 世纪 80 年代中后期开展了在混凝土中加入泥浆和粉煤灰以降低混凝土的弹性模量，形成塑性混凝土浇筑防渗墙的试验研究和初步试用。塑性混凝土虽然其弹性模量不大，但强度低，仍不能满足土石坝大变形的要求，在高水头作用下可能出现结构性裂缝，造成渗漏水流形成塑性混凝土的溶蚀，降低工程的安全寿命，故在永久工程中没有推广。沥青混凝土是用沥青将天然或人工砂石骨料、填充料及各种掺加料等胶结在一起所形成的一种人工合成材料，材料稳定、塑性大。沥青混凝土与水泥混凝土相比，具有良好的抗渗性能、变形性能和抗震性能，不需设置接缝、不需较强的后期养护、机械化施工速度快、易于维修等优点，特别适合混凝土面板堆石坝和心墙堆石坝的防渗结构，在工程中得到了广泛应用。

又如为满足一些特殊部位混凝土防裂、变形、提高韧性和抗冲磨等方面的性能，人们采取了不同的胶凝材料或在普通混凝土中加入不同的掺合料，或采取提高平整度、采用在混凝土表面真空吸水等工艺。

我国是一个多泥沙河流的国家，已建大、中型水电工程有 60％以上泄水建筑物出现冲磨、空蚀破坏。为了给新建高坝工程和修补工程提供具有高磨蚀性能的新型特种混凝土，早在 20 世纪 60 年代，钢纤维混凝土就用于水工混凝土磨蚀破坏的修补。但是室内试验和工程实践表明，普遍钢纤维混凝土用于低流速挟带小颗粒砂石条件下，其抗磨损能力不但没有提高，有时还有所降低。在 80 年代开始了掺短合成纤维的混凝土和掺硅粉等其他掺合料的抗冲磨混凝土研究，其中开发成功高强高抗磨蚀硅粉混凝土并用之于龙羊峡水电站等重要工程。此项科研和工程实践成果，曾荣获国家科技进步奖。90 年代以来，结合三峡水利枢纽工程的需要，又开展了高性能抗冲磨混凝土的研究，以硅粉、粉煤灰、膨胀剂等活性混合材取代水泥，既降低水泥用量、提高抗冲磨性能，又降低硅粉混凝土早期干缩偏大的缺点，此项成果已在飞来峡水电站大规模应用成功。

利用 MgO 所具有的延迟微膨胀性能来补偿混凝土的温度变形防止温度裂缝，可全部或部分取代传统的混凝土坝温控措施。我国自 1973 年开始，结合白山水电站拱坝使用高镁水泥拌制混凝土的防裂效果，对 MgO 混凝土进行了研究和开发，制定了《氧化镁微膨胀混凝土筑坝技术暂行规定》和"水工轻烧 MgO 材料品质技术要求"并在多项工程中应用，都取得了较好效果。

又如在水电工程施工中难免要进行混凝土的水下浇筑施工，水工建筑物在运行过程中有可能会产生局部的水损，需要浇筑水下混凝土进行修补，必须采取一些特殊的工艺。以往水下混凝土质量的好坏主要取决于施工的优劣，关键是尽量隔断混凝土与水的接触。常用的方法有导管法、袋装堆筑法、开底容器法、混凝土泵压法和预填骨料压浆施工法。近年来又对浇筑机具进行了各种改进和开发，出现了 KDT 施工法等特殊浇筑形式。但使用最多的还是导管法及其基础上的改进。导管法施工与水接触部分混凝土易受水的冲洗而发生水泥浆流失，至使表面混凝土强度降低，底层与基础黏结不牢。20 世纪 70 年代以来，以西德为首，从研究混凝土本身性能的改善来提高水下混凝土的质量，使其具有在浇筑过程中直接与水接触也不易使各组分材料分散的能力。1974 年西德率先在工程上使用成功并定名为水下不分散混凝土（Non Dispersible Concrete，简称 NDC）。我国 90 年代初也成功研制出了水下不分散混凝土外加剂，采用这种外加剂（如工艺适当）可以大大提高水下混凝土的浇筑质量。

如对于钢筋过于密集或埋件下不易振捣的部位采用自密实混凝土工艺，对碾压土石坝特殊地基处理或土石坝工程的挡护结构，其对强度要求不高，为节约成本采用了干贫混凝土材料。

钢筋混凝土结构采用预应力工艺，可减少结构物尺寸，改善应力状态，避免和减少裂缝，提高结构的承载能力和耐久性，故其在水电工程的闸墩、引水洞、蜗壳、大型交通桥、门机轨道中得到了广泛应用。随着预应力材料、机具的发展预应力工艺施工更加方便快捷。

特种混凝土和特殊混凝土结构主要有：

（1）按材料的特殊性划分，有沥青混凝土、纤维混凝土等。

（2）按浇筑环境的特殊性划分，有模袋混凝土、水下混凝土等。

（3）按成型方式的特殊性划分，有自密实混凝土、挤压混凝土、喷射混凝土等。

（4）按性能的特殊性划分，有补偿收缩混凝土、抗冲磨混凝土、抗侵蚀混凝土等。

（5）按结构的特殊性划分，有预应力混凝土等。

（6）按配合比的特殊性划分，有断级配混凝土、无砂混凝土、干贫混凝土等。

2 沥 青 混 凝 土

我国对沥青混凝土在水利水电工程中的使用研究始于 20 世纪 70 年代。由于受制于当时的施工技术条件，早期采用的是人工浇筑式沥青混凝土，材料的优良特性没有得到很好的发挥。90 年代以后随着天荒坪抽水蓄能电站、三峡茅坪溪沥青心墙堆石坝、南垭河冶勒水电站沥青混凝土心墙堆石坝等工程的成功修建，为沥青混凝土在水电工程中的推广应用起到了积极的推动作用。现我国已建成 30 多座沥青混凝土面板坝和沥青混凝土心墙堆石坝，沥青混凝土面板已被水库防渗及抽水蓄能电站上、下库大量采用。

2.1 生产系统选型与布置

2.1.1 选型

沥青混合料拌和楼分连续式和间歇式两种。连续式拌和楼配料精度较低，一般难以满足配料质量要求。选择间歇式拌和楼时，一定要注意沥青混合料的配料方式、称量误差、配合比生产精度等具体技术问题，矿料料斗数目应满足配合比调配的需要。水工沥青混凝土拌和楼（站）常用的型号及参数见表 2-1。

表 2-1   水工沥青混凝土拌和楼（站）常用的型号及参数表

型号	单位	LB1000/LBJ1000	LB2000/LBJ2000	LB3000/LBJ3000
搅拌能力	kg/批	1000	2000	3000
额定生产率	t/h	60～80	120～160	180～240
成品料温度	℃		140～180	
总装机功率	kW	250	510	735

注 可选配煤粉、重油、柴油、天然气燃烧器。

其选型同时要考虑下列几点：

（1）沥青混合料拌和楼（站）的生产能力应根据施工期气温及施工进度安排确定，其能力应保证沥青混凝土正常施工时其接缝不出现冷缝。同时，要与坝体填筑进度一致。对于心墙坝来说就是正常施工时，上层沥青混凝土摊铺时下层沥青混凝土表面温度不应低于 70℃。对于沥青面板正常施工时，其供料能力应保证相邻条幅摊铺时先铺条幅接缝温度不应低于 80℃。

对于沥青混凝土心墙施工一般按 3～4h 铺筑完一层，对于沥青面板按 2～3h 摊铺完一个条幅考虑，沥青混凝土量大、外界气温高时取大值，反之则取小值。具体可用式（2-1）计算：

$$Q = \frac{BdLrK_c}{T} \tag{2-1}$$

式中 Q——需要的拌和量，t/h；

　　B——心墙设计厚度或面板条幅宽，m；

　　d——每层填筑的厚度，m；

　　L——每层的长度，m；

　　r——沥青混凝土的容重，t/m^3；

　　T——每层或每个条幅施工的小时数；

　　K_c——铺筑超量系数，对于心墙 $K_c=1.15$，对于面板 $K_c=1.0$。

　　目前，沥青混凝土拌和楼的额定生产能力是按道路工程定的，由于水工沥青混合料中沥青和填料较多，需延长拌和时间，故实际生产能力只能达到额定生产能力的65%～70%。总体上单个水电工程沥青混凝土施工总量都不大，且浇筑时可以采取保温和缝面处理等措施，从经济上考虑，现一般采用LB-1000型拌和楼即可。

　　（2）沥青混凝土拌和楼通常包含骨料初配设备、骨料加热干燥筒及提升系统、骨料填料储存罐及输送设备、沥青储料罐、沥青加热及输送设备等附属设备。加热设备最好选择内加热方式。骨料填料存储罐的数量应根据骨料的分级要求每种规格均应按冷储料仓和热储料仓相应配置。拌和楼宜设置体积合适、保温性能好的沥青混合料贮料仓，以满足拌和楼连续运行的要求。

　　（3）拌和楼宜具有二级除尘装置，并配有除尘料的贮存和传输设备，以控制粉尘排放，收集的粉尘经检验合格可作为填料重新利用。

　　（4）沥青混合料拌和厂易生火灾，主要原因在于沥青是有机材料，当温度超过燃点时能燃烧。因此，拌和厂布置及加热锅附近应考虑防火和配备一定的消防器材。

2.1.2　位置选择

　　（1）拌和厂的位置宜靠近摊铺现场，以减少运输中沥青混合料的热量损失，节约燃料，减少离析，并便于施工管理，运距宜控制在3km以内。

　　（2）应考虑到施工爆破、洪水、积水等的影响，以保证各种情况下均能正常运转。易燃品仓库应设置在离拌和厂较远的地区，以防止火灾。

　　（3）沥青混合料生产过程中，将产生有毒烟气和粉尘，拌和厂远离生活区及其他作业区、施工区的下风处，有利于沥青混合料生产过程中粉尘、废气的排放及防火和施工区的环境保护。

　　（4）稀释沥青的加工站要严禁火源，应与沥青拌和厂距离不少于50m，并配备一定的泡沫灭火器。

2.1.3　布置

　　（1）拌和厂的面积要保证材料的一定储备和分隔堆存的要求。骨料一般要考虑5d以上储量。其拌和厂面积标准见表2-2。

表2-2　　　　　　　　　　　　　沥青混合料拌和厂面积标准表

生产能力/(t/h)	5～10	15～20	30～40
面积/m^2	1000	1500	2500

（2）拌和厂的布置要保证车辆进出及运输方便。堆料仓和受料斗数量与骨料级配种类一致，上料一般采用机械作业。沥青拌和厂布置见图2-1。

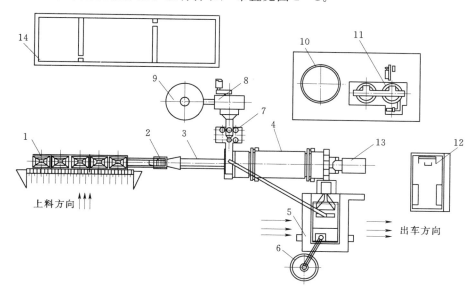

图2-1　沥青拌和厂布置示意图

1—冷料斗；2—简易筛；3—送料皮带；4—干燥筒；5—拌和楼；6—粉料供给；7—六桶除尘器；8—引风机；9—水除尘器；10—导热油炉；11—沥青罐、油罐；12—中央控制室；13—燃烧器；14—污水沉淀池

2.2　原材料选择及配合比设计

2.2.1　原材料

使用的沥青应优先选择专用水工沥青，同一工程宜采用同一厂家、同一标号的沥青。不同厂家、不同标号的沥青，不应混杂使用。

骨料宜采用石灰石等碱性岩石加工的碎石。当采用酸性岩石或者中性岩石时，应有充分的试验论证。防渗沥青混凝土粗骨料的最大粒径不应超过压实后的沥青混凝土层厚度的1/3，且不大于25mm；对非防渗沥青混凝土，不应超过层厚的1/2，且不大于35mm。

粗骨料可根据其粒径组分成2～4级进行配料。我国常用的粗骨料采用22～15、15～10、10～5、5～2.5四级，也有的将10～5、5～2.5两级合并为10～2.5一级。在施工过程中，应保持粗骨料级配的稳定。

细骨料应质地坚硬，级配良好，粒径组成应符合设计、试验提出的级配要求。宜选用天然砂和人工砂按3∶7到1∶9之间比例混合使用，加工碎石筛余的石屑可以作为骨料利用。

填料应采用粒径小于0.075mm的碱性矿粉，如石灰岩粉、白云岩粉、水泥等。

沥青混凝土下的涂层宜优先选择阳离子乳化沥青。阴离子乳化沥青可以采用洗洁净液、洗衣粉液或液态烧碱作为乳化剂进行加工，但性能较差，如存储时间稍长其中的沥青微粒在液相中容易失稳，相互凝聚结团，喷涂困难，且不易均匀，如发现有凝聚现象应禁止使用。阴离子乳化沥青加工应优先选用齿轮泵匀化机，就地生产，随用随产，不宜长期储存。

稀释沥青是采用沥青与汽油、煤油或轻柴油等有机溶剂配制而成，稳定性好但成本高。其溶剂种类可根据干燥速度要求选定。溶剂比例越大黏度越小，越容易渗入底层缝隙，形成黏结牢固的沥青膜。如采用稀释沥青作层间涂层时，为提高涂层的热稳定性，宜采用 30 号建筑石油沥青配制。为提高黏度，增加涂层厚度，沥青与溶剂的比例宜采用 60：40，如采用稀释沥青作为冷底子油时，可采用 60～100 号沥青配制，其与溶剂的比例宜采用 30：70 或 40：60。

稀释沥青加工时沥青的温度不得超过 100～120℃，沥青加入溶剂中的速度应根据溶剂的挥发性确定，挥发性快的应缓慢加入，反之则可加快。在配置时应不停的搅拌，以使其均匀。由于有机溶剂容易挥发，闪点低，应注意防火。

2.2.2 配合比

水工沥青混凝土大致可分为超量沥青混凝土、致密沥青混凝土和透水沥青混凝土。其中作为防渗墙时，考虑其热稳定性和防渗要求，其空隙率不应大于 4％。对于沥青混凝土心墙可采用无孔隙的超量填充沥青以达到心墙的密实。对于面板防渗层为满足防渗要求同时防止斜坡流淌，一般采用致密沥青混凝土。对于面板整平胶结层可采用透水沥青混凝土。沥青混凝土室内配合比设计的依据是工程的设计要求，其主要技术指标有容重、孔隙率、渗透系数、热稳定性、水稳定系数、残留稳定度和根据工程具体运行条件要求的其他力学指标。

配合比设计的内容是确定粗骨料、细骨料、填料和沥青材料相互配合的最佳组成比例，使之既满足沥青混凝土技术要求又符合经济的原则。沥青混凝土配合比设计一般可参照水泥混凝土配合比设计方法，首先求出全部骨料和填料的最佳级配，再以此为基数，选择不同的沥青掺量，然后通过室内试验和现场试验确定最佳沥青用量。

2.2.2.1 矿料级配的确定

（1）标准级配法。

1）初步选择级配。根据有关的技术标准或技术资料，在推荐使用的级配范围内，选择一条或几条级配曲线作为矿料标准级配，再根据标准级配曲线确定各种矿料的配合组成，使合成级配尽可能与标准级配相近。水工沥青混凝土矿料级配和沥青用量推荐使用范围见表 2-3。

表 2-3　　　　　　　水工沥青混凝土矿料级配和沥青用量推荐使用范围表

级配类型	筛孔尺寸/mm												沥青用量/%（按矿料重量计）
	60	35	25	20	15	10	5	2.5	0.6	0.3	0.15	0.075	
	总通过率/%												
密级配		100	80～100	70～90	62～81	55～75	44～61	35～50	19～30	13～22	9～15	4～8	5.5～7.5
			100	94～100	84～95	75～90	57～75	43～65	28～45	20～34	12～23	8～13	6.5～8.5
				100	96～98	84～92	70～83	41～54	30～40	20～26	10～16		8.0～10.0

级配类型	筛孔尺寸/mm												沥青用量/%（按矿料重量计）
	60	35	25	20	15	10	5	2.5	0.6	0.3	0.15	0.075	
	总通过率/%												
开级配		100	70~100	50~80	36~70	25~58	10~30	5~20	4~12	3~8	2~5	1~4	4.0~5.0
				96~100	88~98	71~83	40~50	30~40	14~22	7~14	2~8	1~4	5.0~6.0
沥青碎石	100	35~70		0~15			0~8	0~5		0~4		0~3	3.0~4.0
			95~100		55~70		10~25	5~15		4~8		0~4	3.5~4.5

2）测定组成材料的原始数据。根据现场取样，对粗骨料、细骨料和矿粉进行筛分试验，按表2-3筛分结果分别给出组成材料的筛分曲线，同时测出各组成材料的相对密度，以供计算物理常数之用。

3）计算组成材料的配合比。根据各组成材料的筛分试验资料，计算符合要求级配的各组成材料用量比例。

4）调整级配。计算的合成级配应根据要求作必要的级配调整。

（2）理论曲线法。富勒（W. B. Fuller）和他的同事研究认为：固体颗粒按粒度大小，有规则地组合排列，粗细搭配，可以得到密度最大、空隙最小的混合料。而当矿质混合的颗粒级配曲线愈接近抛物线时，其密度愈大，由此得出富勒级配曲线也即最大密度曲线的表达式（2-2）为：

$$P_i = (d_i/D)^{0.5} \times 100\% \tag{2-2}$$

式中　d_i——筛孔孔径，mm；

　　　D——矿质混合料的最大粒径，mm；

　　　P_i——孔径为 d_i 筛孔的通过百分率，%。

根据最大密度曲线的级配组成计算公式，可以计算出理论上某矿料达到最大密度时的颗粒粒径的通过量。但在实际应用过程中，由于矿料的轧制生产过程中的不均匀性，以及混合料在配制时的波动误差等原因，使配制的混合料难以与理想的理论级配完全吻合一致。因此，必须允许配料时的合成级配可以在一定范围内波动，为此，泰波（A. N. Talbol）在富勒级配曲线公式的基础上进行了修正，给出了级配范围曲线的计算式（2-3）为：

$$P_i = (d_i/D)^n \times 100\% \tag{2-3}$$

研究认为，通常使用的矿质混合料的级配范围（包括密级配和开级配）的 n 在 0.3～0.7 之间取值较为适宜，其级配范围曲线见图 2-2。

初选矿料级配时，可选用 2～3 种填料用量、2～3 种级配指数进行试验。在碾压式沥青混凝土的细骨料中，可掺入一定比例的天然砂，以利于沥青混合料的压实。

2.2.2.2　沥青用量的确定

沥青用量与沥青黏度、骨料级配、骨料种类及其矿物组成、颗粒表面形状特性等因素有很大关系，可参考以往类似工程确定，通常为 5.5%～8.5%。环境温度较低时，应适当加大沥青用量。沥青含量高，施工操作方便，抗渗性能好，变形量大，但刚度与强度降低。当沥青混凝土用作心墙时，沥青用量可以在 7%～15% 之间。具体试配时可按下列方

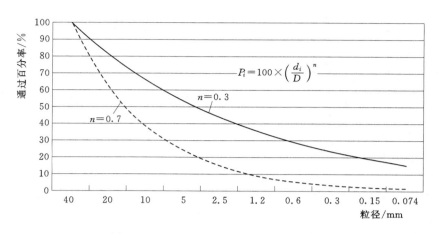

图2-2 沥青混凝土骨料级配范围曲线图

法进行。

以估计沥青用量为中值，以0.3%间隔上下变化沥青用量制备马歇尔试件不少于5组，然后测定密度、稳定度和流值，同时计算孔隙率、饱和度及矿料间隙率。

以估计填料用量为中值，以1%间隔上下变化填料用量制备马歇尔试件不少于5组，然后测定密度、稳定度和流值，同时计算孔隙率、饱和度及矿料间隙率。

通过几组配比建立沥青用量、填料用量与沥青混凝土各项指标的关系曲线。根据试验成果选择合适的沥青用量、填料用量。然后通过现场摊铺试验验证调整，确定最佳沥青用量。

2.3 混合料生产

2.3.1 混合料制备

（1）沥青混合料制备工艺流程见图2-3。

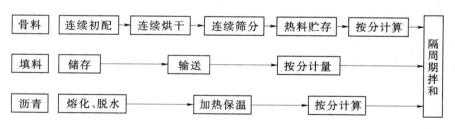

图2-3 沥青混合料制备工艺流程示意图

（2）骨料初配、烘干、加热。骨料按照施工配合比经配料仓初配，用胶带机混合输送至内燃式干燥加热筒干燥加热。骨料加热应均衡，温度控制在170～190℃。经过干燥加热的混合骨料，用热料提升机提升至拌和楼顶进行二次筛分，热料经过筛分分级后，按粒径尺寸储存在设有保温措施的热料斗内，供配料使用。

（3）沥青脱桶、脱水、加热、储存。桶装沥青宜采用沥青脱桶设备脱桶、脱水。沥青应采用导热油间接加热，沥青加热时应控制加热温度，沥青脱水温度控制在110～130℃。

熔化沥青时，加热罐的容积应留有余地，配有打泡和脱水装置，使水分汽化溢出，防止热沥青溢沸。经脱水后，沥青含水率应低于 2‰。

沥青熔化、脱水一定时间后，继续加热，加热上限温度要严格控制。储存待用的沥青，加热温度控制在 140℃ 以内，输送至恒温罐储存待用。恒温时间不宜超过 48h，以防沥青老化。

沥青从恒温罐至拌和楼宜采用外部保温的双层管道输送，内管与外管间通导热油，避免沥青在输送过程中凝固堵塞管道。沥青在使用前加热至 150～170℃，低温季节取上限温度值，加热时间控制在 6h 以内。

2.3.2　混合料拌和

沥青混合料在拌和前需预先对拌和系统进行预热，预热方式可通过加入热骨料进入拌和系统进行预拌，使得拌和机内温度不低于 100℃，预拌的骨料通过回收再利用。拌制沥青混合料时，沥青、粗细骨料、矿粉按照施工配料单投料称量，拌制沥青混合料时，采取先投骨料与填料干拌 15s，再喷洒沥青湿拌 45～60s。拌和机出口前五盘料需经技术人员目测，拌出的沥青混合料应均匀，无花白料、冒黄烟，卸料时不产生离析。混合料出机温度根据环境温度变化而严加控制，一般在 150～180℃，夏季高温季节拌和温度控制在 150℃ 左右，冬季低温季节采用较高控制，确保其经过运输、摊铺等热量损失后的温度能满足沥青混凝土碾压温度要求。

沥青从恒温罐中取样，对沥青进行针入度、软化点及延度试验，温度控制在 150～170℃ 之间；骨料从热料斗取样，进行超逊径、级配试验，温度控制在 180～190℃ 之间。混合料每盘出料要进行机口温度测量，若沥青混合料的和易性较差或温度超出偏差要求等其他一些不足，均作废料处理。在拌和生产过程中，通过微机系统记录每一混合料的配料情况。

沥青混合料在搅拌机内存留时间不宜超过 30min，以免机内凝固。停止生产时应尽快对搅拌机内进行清理。

2.3.3　混合料储存与保温

拌和好的沥青混合料卸入受料斗，经卷扬机提升滑轨提升到拌和站沥青混合料成品料仓（保温储罐）储存。沥青混合料保温按 24h 内每 4h 温度降低不超过 1℃ 的标准进行控制，沥青混合料储罐宜采用电加热方式加热，储罐保温采用矿棉层保温。

2.4　沥青混合料的运输

沥青混合料运输的基本要求是在运输过程中防污染、不离析、热量损失少、不漏料、不粘连、卸料方便。

沥青混合料的运输车辆（含料罐）的容量应与沥青混合料的拌和与摊铺机械的容量相适应，运输车辆的数量应与拌和能力及摊铺机的摊铺能力相适应。要保证拌和与摊铺连续工作，并要备有 1.2 以上的系数。目前，国内沥青混合料的运输一般有以下两种方式。

（1）直接采用保温罐运输。沥青混合料装在汽车上的保温底开式立罐中运到坝顶，起重机吊起立罐，将沥青混合料卸入喂料车转运至摊铺机。

（2）沥青混合料用改装的保温自卸汽车装散料运到现场卸入摊铺机或保温罐内，再转运到沥青摊铺机。汽车可以采用普通自卸汽车改装，载重宜采用 10t 以上，自卸车四周及箱底都应设置保温材料，并增设防雨盖。防雨盖利用自卸车的油压系统可以自动关闭和开启。心墙坝转运料一般采用装载机（或叉车）料斗改装的保温罐进行，这种保温罐四周添加了保温材料，并增设了卸料口和进料口，进料口和卸料口可自动控制进料和卸料。

沥青混合料运输过程中一般应采取覆盖等保温措施，可见表 2-4 允许的运输时间，按照先运先用原则，并保证沥青混合料碾压时不低于 130℃。

表 2-4　　　　　　　　　　　　　沥青混合料允许的运输时间表

气温/℃	>25	20~25	15~20
允许的运输时间/min	80	30	20

运输时应防止沥青与运输容器发生黏结。装料前应将装料容器打扫干净并涂刷防黏剂。防黏剂可以自己配制，配料比例是：火碱：硬脂酸：滑石粉：水（80℃）＝1：20：30：400，方法是先将 80℃的水与火碱、硬脂酸混溶，后加滑石粉。严禁将柴油作为防黏剂涂刷在运输容器表面。

2.5　沥青混凝土心墙施工

为避免车辆、人员或其他设备要横跨沥青混凝土心墙时碾压、踩踏沥青混凝土心墙，在横跨心墙处应设置可移动式栈桥。

2.5.1　沥青心墙基础面处理

（1）混凝土表面的打毛、清除和干燥。与沥青混凝土相接的常态混凝土表面必须粗糙平坦。采用打毛机处理，只要将混凝土表面的浮浆、乳皮、废渣及黏着污物等用钢丝刷将全部清理干净即可，不要将混凝土面打出很多小深坑，或将河卵石（当常态混凝土骨料为天然骨料时）全部露出，更不允许造成表面混凝土松动，影响沥青混凝土与常态混凝土的黏结强度。局部潮湿部位用喷灯烘干，用 0.6MPa 左右高压风吹干，保证常态混凝土表面干净和干燥。

（2）沥青马蹄脂的铺设。沥青混凝土与常态混凝土的结合面设置厚 1~2cm 沥青马蹄脂。沥青马蹄脂层要均匀平整，不流淌，无鼓包，与混凝土黏结牢固。沥青混凝土与混凝土结合面所用的沥青马蹄脂一般采用小型的 250L 拌和机拌制。沥青马蹄脂铺设时，对已清理干净的混凝土表面进行加热，再在其表面均匀涂刷一层冷底子油，涂抹时要均匀，无空白，无团块，色泽要一致，每平方米的喷涂量约为 0.2kg，喷涂多了稀释沥青不易挥发，且造成浪费。待冷底子油干 12h 后，方可铺设沥青马蹄脂。铺筑沥青混合料时，沥青马蹄脂表面必须保持清洁，必要时予以加热。沥青马蹄脂涂抹宽度至少比沥青混凝土心墙基底每侧宽出 25cm。

铺设沥青马蹄脂和沥青混合料时，注意对止水片的保护，不得对止水片有任何损坏。

止水片附近采用小型机械夯实。铺设前，止水片表面应干燥洁净，并涂 2 遍冷底子油。

2.5.2 沥青心墙摊铺

沥青混凝土心墙施工时水泥混凝土基座上部一定范围高度内（主要是与正常心墙断面不同的结构范围）和两岸岸坡扩大段不便于机械摊铺作业的采用人工摊铺，其余基本上采用沥青混凝土专用联合摊铺机摊铺。

沥青混凝土心墙施工采用水平分层，每层采取不分段一次摊铺碾压的方法进行。每层压实厚度 20±2cm，摊铺厚度 23±2cm。沥青混合料及过渡层应同时铺筑。沥青混凝土心墙施工受坝体填筑的影响较大，其铺筑速度应与坝体填筑总进度相适应，并尽可能使沥青混凝土心墙上升速度与坝体填筑上升速度一致。上下层连续施工时，上一层沥青混凝土表面 3～5cm 深处的温度必须降到 90℃以下时，才可以进行第二层施工。

沥青混凝土心墙的施工工艺：

第一，人工摊铺段工艺流程见图 2-4。

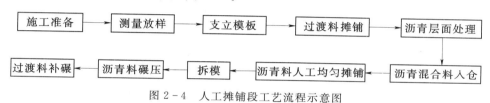

图 2-4 人工摊铺段工艺流程示意图

第二，机械摊铺段工艺流程见图 2-5。

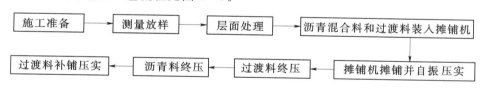

图 2-5 机械摊铺段工艺流程示意图

（1）心墙人工摊铺方法。心墙底部不规则扩大处、岸坡心墙及与翼墙相接扩大段采用人工摊铺。人工摊铺段应先按照设计宽度安设模板，模板可采用活动钢模板。茅坪溪大坝采用的模板每块长 200cm，高 25cm，厚 0.8cm。相对的两块模板由三根可以调节长度的夹具按心墙设计宽度固定，人工摊铺心墙时，采用吊车配 2.5m³ 保温立罐向仓内卸沥青混合料，人工进行摊平。摊平仓面时，最好用铁耙子将沥青混合料摊平，以避免拌和好的沥青混合料分离。

人工摊铺沥青混凝土心墙施工方法见图 2-6。

两侧过渡料使用反铲摊铺，辅以人工整平。过渡料摊铺前，用防雨布遮盖心墙表面，防止砂石、杂物落入仓面。遮盖宽度应超出两侧模板各 30cm 以上。心墙两侧的过渡料要同时铺筑，靠近模板部位作业要特别小心，防止模板走样、变位。距离模板 20～30cm 的过渡料先不进行碾压，待模板拆除后，与心墙沥青混合料同时进行碾压。

（2）心墙机械摊铺方法。沥青混合料的摊铺采用专用联合摊铺机，摊铺前应对层面进行除尘清洗，用激光经纬仪标出准确的坝轴线，并由金属丝定位，通过机器前面的摄像可使操作者在驾驶室里通过监视器驾驶摊铺机精确跟随细丝前进。摊铺机前部一般设有红外

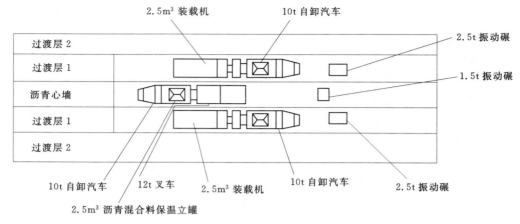

图 2-6 人工摊铺沥青混凝土心墙施工方法示意图

加热器，在摊铺上面一层之前，利用加热器烘干和加热下面一层的表面。

机械摊铺沥青混凝土心墙施工方法见图 2-7。

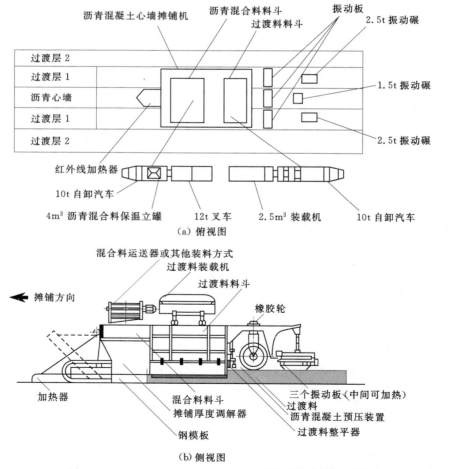

（a）俯视图

（b）侧视图

图 2-7（一）　机械摊铺沥青混凝土心墙施工方法示意图

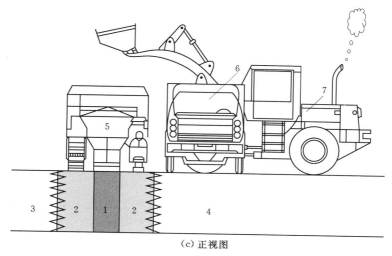

（c）正视图

图 2-7（二）　机械摊铺沥青混凝土心墙施工方法示意图

1—沥青心墙；2—过渡层；3—上游面填筑的坝体；4—下游面填筑的坝体；5—心墙摊铺机；

6—汽车；7—装过渡料的轮式装载机

专用摊铺机具有良好的预压实功能，它的履带行驶在前一层平整压实过的过渡料上，可较好保证摊铺的厚度。用专用心墙摊铺机摊铺沥青混合料及部分过渡料可保证心墙受力均匀、结合良好。其中摊铺铺筑厚度和宽度能按设计要求调整，且平整度能自动控制，摊铺机行走速度控制 1～3m/min。须始终保持混合料仓内有 1/3 存料，以防出现"漏铺"和"薄铺"。如果铺筑层面出现大骨料集中现象，人工及时剔除，再回填新料。沥青混凝土心墙宜全线均衡上升，使全线尽可能保持同一高程，尽量减少横缝，沥青混凝土每天铺筑层数不宜大于 3 层。

过渡料铺筑，采用反铲或装载机将过渡料送到摊铺机过渡料料斗进行摊铺。由于摊铺机总摊铺宽度一般只有 3.0m，在摊铺机控制范围外的过渡料采用反铲在摊铺机后侧进行补铺过渡料，补铺完后采用推土机摊平。

由于拌和楼拌制的沥青混合料开始几立方米的温度不易稳定且偏低，所以，开始时不要紧贴岸坡基础混凝土摊铺，而要离开 2～3m，待沥青混合料温度稳定后再摊铺岸坡处，这样更有利于沥青混凝土和岸坡基础混凝土的黏结。

在沥青混合料摊铺过程中要随时检测沥青混合料的温度，发现不合格的料必须立即清除。

2.5.3　沥青混合料心墙碾压

（1）沥青混凝土心墙碾压一般采用 1.5t 振动碾，配置 2 台，1 台作为正常使用，1 台作为备用。过渡料采用 2.5t 振动碾，上、下游各配 1 台。铺筑时，先对过渡料进行 2 遍静压，然后按"品"形（沥青混凝土心墙在前、两侧过渡料在后）对沥青混合料和过渡料同时进行碾压。1.5t 振动碾碾压的最佳遍数为静 1＋动 8＋静 2。碾压时行走速度为 20～25m/min，行走过程中不得突然刹车或横跨心墙碾压。横向接缝处要重叠碾压 30～50cm，碾不到的部位，用小夯机或人工夯实。为便于混合料内部气泡排出，混合料在入仓后需静置约 15min，再进行碾压。

（2）机械设备碾压不到的边角和斜坡处，必须辅以人工夯实或蛙夯机夯实，夯实的标准是沥青混凝土表面"返油"为止。同时，应注意防止因夯实方法不当导致骨料破碎。

（3）碾压过程中对碾压轮保持湿润，以防止沥青及细料黏在碾压轮上，振动碾上的黏附物及时清理，以防施工中"陷碾"。如果发生"陷碾"现象，将"陷碾"部位的沥青混合料全部清除，并回填新的沥青混合料。

（4）碾压施工过程中，振动碾表面严禁涂刷柴油，并严防柴油或油水混合液洒在层面上。油水混在沥青混凝土中将严重降低沥青混凝土的质量。因此，受污染的沥青混合料必须全部清除。沥青混合料与过渡料碾压设备一般不得混用，若要混用，必须在使用前将碾压轮清理干净。

（5）沥青混合料与过渡料的碾压，以贴缝碾压方式为最好，这样既可以不污染仓面，不浪费沥青混合料，又能保证沥青混凝土心墙的质量。但是当碾轮宽度大于沥青混凝土心墙宽度时，就必须采取骑缝碾压方式。为了解决上述问题，就要用苫布覆盖沥青混合料后再进行碾压，由于沥青混合料与过渡料的压实度不同。所以，在摊铺时过渡料的摊铺高度应低于沥青混合料的摊铺高度，具体数值应由试验确定。

（6）沥青混凝土心墙与过渡料、坝壳填筑应同步上升，均衡施工，以保证压实质量。沥青混凝土心墙最好全线平起，尽量减少横向接缝。

（7）混合料铺筑过程，严格对摊铺温度、初碾温度、终碾温度进行控制，铺筑现场派专人检测混合料温度，掌握适宜的碾压时机。从多个工程经验可知，沥青混合料碾压温度宜控制在 140~150℃ 范围内，不超过 155℃；冬季施工取偏大值，夏季施工取偏小值。若摊铺温度过高，摊铺后要静置一定时间之后，方可进行碾压。

（8）碾压过程中应及时清理仓面上的污物和冷料块，并用小铲将嵌入沥青混凝土心墙的大砾石清除，防止沥青混凝土心墙断面缩小。

（9）横缝处重叠碾压 30~50cm。心墙铺筑后，在心墙两侧 4m 范围内禁止使用大型机械振动压实坝壳体，以防止心墙局部受振破坏。在心墙施工过程中，心墙和过渡层的任何断面都应略高于其上下游相邻的坝体填筑料 1~2 层。

（10）人工摊铺的沥青混合料摊铺完成，模板拆除完毕后，先进行无振碾压，然后与过渡料一起同步碾压密实。

2.5.4　接缝及层面处理

（1）沥青混凝土心墙横向接缝处理。沥青混凝土心墙尽量保证全线均衡上升，保证同一高程施工，减少横缝。当必须出现横缝时，其结合坡度做成缓于 1:3 的斜坡，上下层错缝不小于 2m。在下次沥青混合料摊铺前，人工用钢钎凿除斜坡尖角处的沥青混凝土，并且钢丝刷除去黏附在沥青混凝土表面的污物并用高压风吹净。摊铺时，按层面处理的办法先用红外线加热器加热，使其层面温度达 70℃ 以上，再进行沥青混合料摊铺、碾压。人工剔除新铺筑的沥青混凝土表面粗颗粒骨料，先用汽油打夯机夯实斜坡面至沥青混凝土表面返油，再用振动碾在横缝处碾压使沥青混合料密实。

（2）层面处理。对于连续上升、层面干净且已压实的沥青混凝土，表面温度高于 70℃，沥青混凝土层面不作处理，连续上升。当下层沥青混凝土表面温度低于 70℃，采用红外加热器加热，加热时，控制加热时间以防沥青混凝土老化。对于因故停工、停歇时间较长、较脏的沥青混凝土层面，先用高压风水处理干净后，将层面烘干加热，层面温度达到70℃以上，在层面上立即均匀喷涂一层热沥青后，再迅速铺筑上层沥青混合料。

（3）取芯孔处理。钻孔取芯后，心墙内留下的钻孔应及时回填。回填时，先将钻孔冲净、擦干，用管式红外线加热器将孔壁烘干、加热到80℃以上，将孔口扩成45°斜坡，清除孔内废料，再用热沥青混凝土回填，每层厚5cm，人工用10kg重的捣棍夯实25次以上，芯样孔回填高度应略高出心墙2cm。

2.6 沥青混凝土面板施工

2.6.1 施工前的准备

沥青混凝土面板铺筑前其坝体应分层填筑，认真压实。填筑时坝体应超出上游线50cm，然后用推土机或人工进行坡面修整，必要时用振动碾补充碾压，使其坡度、平整度、密实度达到设计要求，然后进行垫层施工。

坡面垫层施工根据设计结构和厚度确定。如设有过渡层棱体和支撑面板，过渡棱体厚度一般会在3m以上，对过渡棱体一般采用最大粒径为50~70mm级配碎石水平分层填筑，对过渡棱体坡面上部的支撑面采用级配碎石顺坡碾压施工。如坡面垫层只有一层15~25cm级配碎石，结构厚度较小，一般采用粒径不大于40mm级配碎石采用推土机在斜坡上摊铺。压实时按振动碾顺坡碾压，上行有振碾压，下行无振碾压。碾压的遍数按设计的压实度要求通过碾压试验确定。

铺筑沥青混合料前，应对垫层的表面喷洒一层乳化沥青或稀释沥青，喷洒宜分条带进行，喷洒前垫层表面应确保清洁、干燥。一般的乳化沥青在无雨天12~24h可以干燥，喷洒前应注意收集天气预报，如12h内有雨应避免喷洒。一次喷洒面积应与沥青混合料的铺筑面积相适应，一般喷洒的乳化沥青干燥后应立即进行混合料的铺筑，避免长时间不铺筑形成污染。乳化沥青干燥前，禁止人员、设备在其上行走和进行各种作业。

垫层表面喷涂乳化沥青或稀释沥青有人工涂刷和机械洒布两种方法。人工涂刷不易均匀，尤其是在碎（卵、砾）石垫层上涂刷更为困难，故只可在中小型工程的刚性垫层上应用。机械洒布一般有汽车洒布机、机动洒布机和手摇洒布机三种。汽车洒布机虽然洒布较均匀，生产率高，但在斜坡上开行困难，不宜在面板工程上应用。手摇洒布机劳动强度大，近来多为小型的机动洒布机所代替，故在工程中以采用机动洒布机为宜。目前，国产公路沥青洒布机LSA-50便是一种小型的机动洒布机，可改装为斜坡洒布机使用。

为使洒布均匀，应分条自下而上进行。洒布宽度根据洒布机的性能而定，最小为3m。

面板垫层上喷涂的乳化沥青或稀释沥青用量以喷洒均匀，不留空白为原则。对无砂混凝土一般为0.8kg/m²，对碎石垫层一般为1.5~2kg/m²，具体应通过现场试验确定。

2.6.2 沥青混合料的铺筑方案选择

沥青混凝土面板铺筑可采用人工铺筑、半机械铺筑和机械化铺筑。对一条面板可以采用通条铺筑，也可采用分级铺筑。

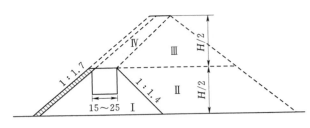

沥青混凝土面板是否分级施工应根据具体情况确定，当斜坡长度过长（≥120m 时）采用一级通条铺筑有困难时，或因施工导流、度汛要求坝体需修成临时断面并铺设面板时，则应采取分级铺筑。目前，多为二级铺筑，即将面板分成上、下两部分铺筑。当铺筑下半部分时，需设置临时

图 2-8 面板分二级铺筑示意图（单位：m）

性的坡间施工平台，供布置设备及交通道路之用，面板分二级铺筑见图 2-8。平台宽应根据牵引设备的布置及运输车辆的交通要求确定。以 15～25m 为宜。

沥青混凝土面板铺筑在斜坡上施工，又是高温作业，工作环境恶劣，如采用人工摊铺不易均匀，粗骨料宜沿坡面下滑，造成分离，夯实很难达到设计容重。故在大面积上铺筑沥青混凝土面板不允许采用人工方法。只有在机械无法摊铺的部位方可采用人工摊铺。

半机械摊铺一般是运输、碾压采用机械施工，摊铺还是采用人工作业，一般只适应在碎（卵、砾）石垫层上摊铺机难以铺设第一层时采用。

现阶段对沥青面板施工从混合料运输、摊铺、碾压这些环节凡具备采用机械化作业条件的一般均应采用机械化作业。主绞车自带起重装置进行空中转料，斜坡喂料车喂料，沥青混凝土面板工程（斜面）摊铺施工见图 2-9。

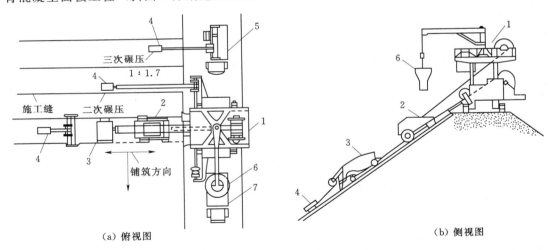

图 2-9 沥青混凝土面板工程（斜面）摊铺施工示意图
1—主绞车；2—喂料车；3—摊铺机；4—振动碾；5—副绞车；6—吊罐；7—混合料运料车

采用履带吊转运混合料的面板施工布置见图 2-10。摊铺机一般选择一次摊铺宽度 3～4m 以上的。对不能采用大型机械铺筑的部位可采用小型简易的摊铺机（例如 TX-50 摊铺机）兼任斜坡运输和摊铺，并用轻型振动碾（例如宽 50cm，直径 40cm 的振动碾）或手提式夯实机压实。

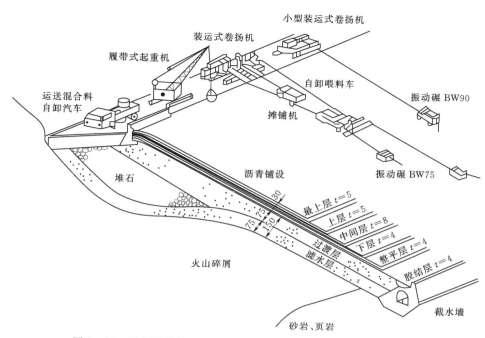

图 2-10 采用履带吊转运混合料的面板施工布置图（单位：cm）

2.6.3　沥青混合料的运输

沥青混合料水平运输可采用自卸汽车或装在汽车上的保温底开式立罐中运到坝顶。沥青混合料在斜坡上的运输，宜采用吊罐将混合料起吊转运到专用的斜坡喂料车；当斜坡长度较短或工程规模较小时，可由摊铺机直接运料或其他专用机械运输。

2.6.4　沥青混合料摊铺

沥青混凝土面板应按设计的结构分层，沿垂直坝轴线方向依摊铺宽度分层条带，由低处向高处摊铺。沥青混合料的摊铺宜采用专用摊铺机，摊铺速度应满足施工强度和温度控制要求。最佳摊铺速度以 1～2m/min 为宜，或通过现场试验确定，摊铺厚度应根据设计要求通过现场试验确定。当单一结构层厚度在 100mm 以下时可采用一层摊铺；大于100mm 时应根据现场试验确定摊铺层数及摊铺厚度。防渗层采用多层铺筑时，上下层纵缝错开距离为 1/3～1/2 幅宽，上下层横缝错开的距离应大于 1m。

2.6.5　沥青混合料的碾压

沥青混合料应采用专用振动碾碾压，宜先用附在摊铺机后小于 1.5t 的振动碾或振动器进行初次碾压，待摊铺机从摊铺条带上移出后，再用 3.0～6.0t 的振动碾进行二次碾压。振动碾单位宽度的静碾重可按表 2-5 控制。若摊铺机没有初压设备，可直接用 3.0～6.0t 的振动碾进行碾压。

表 2-5　　　　　　　　　　　振动碾单位宽度的静碾重表

碾压类别	初次碾压	二次碾压
单位宽度碾重/(kg/cm)	1～6	10～20

沥青混合料碾压时应控制碾压温度，初碾时温度控制为 120～150℃；终碾温度控制为 80～120℃；最佳碾压温度应由试验确定。当没有试验成果时，可根据沥青混合料碾压温度按表 2-6 选用。气温低时，应选大值。

沥青混合料碾压工序应采用上行振动碾压、下行无振碾压，振动碾在行进过程中要保持匀速，不宜骤停骤起，振动碾压滚筒应保持潮湿。碾压结束后，面板表面应进行无振碾压收光。

施工接缝处及碾压条带之间重叠碾压宽度应不小于 150mm。

表 2-6 　　　　　　　　　　　　　沥青混合料碾压温度表　　　　　　　　　　　　　单位：℃

项　目	针入度 0.1mm		一般控制范围
	60～80	80～120	
最佳碾压温度	145～150	135	
初次碾压温度	120～125	110	120～150
二次碾压温度	95～100	85	80～120

2.6.6　施工接缝与层间处理

防渗层铺设时应减少纵、横向接缝。采用分层铺筑时，各区段、各条带间的上下层接缝应相互错开。横缝的错距应大于 1m，纵缝的错距应为条带宽度的 1/3～1/2。接缝宜采用斜面平接，夹角宜为 45°。

对防渗层的施工接缝可按如下规定处理：当已摊铺碾压完毕的条带接缝处的温度高于 80℃时，可直接摊铺，不需要进行处理；当温度低于 80℃时，按冷缝处理，应在接缝表面涂热沥青，并用红外线加热器烘烤至 100±10℃后再进行碾压。对防渗层的施工接缝，应用渗气仪进行检验，对不合格的处应予挖除置换后压实，接缝修补后应再次检验，直到确认合格为止。

在防渗层新条带摊铺前，对受灰尘等污染的条带边缘，应清扫干净；污染严重的可喷涂一层乳化沥青或稀释沥青，也可予以清除。

为保证面板各层结合紧密，上、下层的施工间隔时间以不超过 48h 为宜。当铺筑上一层时，下层层面应干燥、洁净。

防渗层上、下铺筑层之间应喷涂一薄层乳化沥青、稀释沥青或热沥青。当为乳化沥青或稀释沥青时，应待喷涂液干燥后（喷涂后 12～24h）才能进行上层摊铺。防渗层层间喷涂液所用沥青，其针入度应控制在 20～40，沥青用量不应超过 1kg/m²，以防止面板沿层面滑动。

2.6.7　面板与刚性建筑物的连接

面板与岸坡连接的周边轮廓线应保持平顺。面板与刚性建筑物的连接部位，施工时应留出一定的宽度，在面板铺筑后进行连接部位的施工。先铺筑的各层沥青混凝土应形成阶梯形状，以满足接缝错距要求。

面板与刚性建筑物连接部位应按混凝土连接面处理、楔形体浇筑、沥青混凝土防渗层铺筑、表面封闭敷设等工序施工，必要时应进行现场铺筑试验。

面板与混凝土结构连接施工前，应将混凝土表面刷毛清洗烘干，然后均匀喷涂一层稀释沥青或乳化沥青，用量宜为 $0.15\sim0.20\text{kg/m}^2$，干燥后方可在其上进行沥青胶施工。沥青胶涂层应均匀平整，不得流淌，如涂层太厚可分层涂抹。

楔形体的材料可采用沥青砂浆、细粒沥青混凝土等，应全断面由低到高依次热法浇筑施工，每层厚度 $300\sim500\text{mm}$。楔形体浇筑温度应控制在 $140\sim160℃$。

在混凝土面和楔形体上铺筑沥青混凝土防渗层时应在沥青胶和楔形体冷凝后进行。

连接部位设加厚层的上层沥青混凝土防渗层应待下层沥青混凝土防渗层冷凝后铺筑。连接部位的沥青混凝土防渗层与面部的同一防渗层接缝应按施工接缝要求处理。当连接部位设置金属止水片时，嵌入沥青混凝土一端的止水片表面应涂刷一层沥青胶。当连接部位使用加强网格材料时，应将施工面清理干净后铺设。加强网格材料时，上下层应相互错缝，错距幅宽应不小于 $1/3$。

2.6.8 封闭层施工

封闭层施工前，防渗层表面应干净、干燥。应污染而清理不净的部分，应喷涂热沥青。

封闭层有鼓泡或脱皮等缺陷时应及时清除后重新处理。封闭层宜选择在 $10℃$ 以上的气温条件下施工。施工后的表面严禁人机行走。封闭层材料可采用沥青胶，沥青胶宜采用机械拌制，出料温度应控制为 $180\sim200℃$。沥青胶用涂刷机或橡皮刮板沿坡面方向分条涂刷，每层涂刷厚度宜为 1mm，涂刷时的温度应为 $170℃$ 以上。涂刷后如发现有鼓泡或脱皮等缺陷时应及时清除后重新处理。

2.6.9 斜坡机械的牵引与锚碇

机械化施工中，斜坡运输、摊铺、碾压机械的牵引设备及锚碇方法（见表 $2-7$）。由表 $2-7$ 可以看出，采用可移动式卷扬车作为牵引设备最为理想，因为当斜坡施工机械需侧向移动时，可直接开到台车上，与台车一起移动。台车本身附有平衡重，不需采取其他措施防止倾翻，管理方便，安全可靠。但这种方式的一次性投资大。对中小型工程可能不经济。因此，可考虑采用表 $2-7$ 中其他牵引设备。牵引设备的锚碇，关系到机构和人身的安全，必须认真设计和施工，仔细检查，防止事故。

表 2-7　　　　　　　　　　斜坡施工机械的牵引设备与锚碇方法表

序号	牵引设备及锚碇方法	简　单　图　示	采用的工程	优点	缺点
1	斜坡机械—卷扬车—装拆式拉杆—地锚（坝顶全长埋设）		正岔、红江、里册峪、石砭峪、关山、南谷洞、坑口、丹河	(1) 设备简单； (2) 移动尚方便	(1) 地锚埋设工作量大； (2) 施工有干扰

序号	牵引设备及锚碇方法	简单图示	采用的工程	优点	缺点
2	斜坡机械—活动转向滑车—卷扬机—地锚		磨板坑、封过	(1) 设备简单; (2) 准备工作量小	(1) 联络不便; (2) 欠安全
3	斜坡机械—卷扬车—推土机(活动锚碇)		车坝一级	(1) 不需要埋设地锚,准备工作量小; (2) 较安全	(1) 坝顶尚需埋设轨道; (2) 机械台班费用较高; (3) 推土机移位不便
4	斜坡机械—可移动式卷扬台车		牛头山、二滩	(1) 移动容易; (2) 管理方便; (3) 安全可靠	(1) 需可移动式卷扬台车; (2) 一次性投入大

2.7 沥青混凝土雨季施工及施工期度汛

沥青混凝土在雨季施工时,可采取下列措施:

(1) 当预报有连续降雨时不安排施工,有短时雷阵雨时及时停工,雨停立即复工。

(2) 当有大到暴雨及短时雷阵雨预报及征兆时,做好停工准备,停止沥青混合料的拌制。

(3) 沥青混合料拌和、储存、运输过程采用全封闭方式。

(4) 摊铺机沥青混合料漏斗口设置自动启闭装置,受料后及时自动关闭。

(5) 沥青混合料摊铺后应及时碾压,来不及碾压的应及时覆盖并碾压。

(6) 碾压密实后的沥青混凝土心墙略高于两侧过渡料,呈拱形层面以利排水。

(7) 缩小碾压段,摊铺后尽快碾压密实。

(8) 两侧岸坡设置挡水埝,防止雨水流向施工部位。

（9）雨后恢复生产时，应清除仓面积水，并用红外线加热器或其他加热设备使层面干燥。

（10）未经压实而受雨浸水的沥青混合料，应彻底铲除。

（11）铺筑过程中，若遇雨停工，接头应做成缓于1：3斜坡，并碾压密实。

（12）碾压后的沥青混凝土，遇下雨时应及时覆盖。

沥青混凝土面板坝、心墙坝施工度汛应按下列措施实施：

（1）提前做好分期铺筑计划，将死水位以下的沥青混凝土面板施工并验收完毕。

（2）面板应至少铺筑一层防渗沥青混凝土，其高程应高于拦洪水位，或按设计要求，适当提高整平胶结层的抗渗性。

（3）防渗面板应及时用防渗沥青混凝土临时封闭拦洪水位以下未完建的顶部。

（4）未完建的面板如遇临时蓄水时，应采取相应保护措施。放水时，应控制水位下降速度小于2m/d。

（5）有度汛要求的沥青混凝土心墙坝施工时，在汛前心墙形象高程应高于拦洪水位。

2.8 沥青混凝土低温施工及越冬保护

沥青混凝土施工时，如预报有降温、降雪或大风，应及早做好停工安排和防护工作。

当气温在5℃以下进行沥青混凝土面板施工时和气温在0℃以下进行沥青混凝土心墙施工时，应采取下列措施：

（1）通过试验确定沥青混凝土低温施工配合比和保温方法。

（2）沥青混合料的温度应选用试验确定的出机口温度的上限值。

（3）铺筑现场应配备足够的加热设备，可根据施工现场特点采取表面铺盖或搭设暖棚等挡风保温措施。

（4）缩短摊铺长度并及时碾压。必要时采用多台振动碾分区碾压，以缩短碾压时间。施工后及时进行保温防护。

（5）寒冷地区面板的非防渗沥青混凝土层不宜裸露越冬，可采用防渗沥青混凝土将其覆盖。

（6）寒冷地区的心墙在冬季停工时，应进行表面覆盖保温防冻，覆盖材料及覆盖厚度应根据现场最大冻结深度和材料的保温效果确定。

2.9 检测

施工过程沥青混凝土质量检测包括原材料检测、施工质量检验。

2.9.1 原材料检测

拌和厂在正常运行情况下，每天应从沥青加热锅中取样1次，对针入度、软化点、延度等指标进行检验。必要时，可抽查溶解度、蒸发损失、闪点、含蜡量和密度等。

砂石料以每 $100 \sim 200 \mathrm{m}^3$ 为取样单位，应对其密度、含泥量、坚固性等指标进行检测。在正常情况下，每天至少对拌和厂所用粗、细骨料，取样检验1次，测定其级配和含水率。当采用间歇烘干加热工艺时，应从拌和厂堆料场取样；当采用连续烘干加热工艺时，从热料仓取样。

填料以每批（或每10t）取样对其细度、有机质、黏土含量和亲水系数检验1次，现场使用的各种掺料必须与试验所确定材料性质相符，应按《土石坝碾压式沥青混凝土防渗墙施工规范（试行）》（SD 220—87）第8.1.7条的规定每批或每3~5t取一组样品进行检验，合格后方可使用。

2.9.2 施工质量检验

（1）沥青混合料的质量检验。专项监测沥青、矿料和沥青混合料的温度，严格控制各工序的加热温度和沥青混合料的出机温度。

从搅拌机出机口取样检验沥青混合料的配合比和技术性能。在正常情况下，每天至少取样1次，从五盘混合料中各抽取1kg试样，均匀混合成1组3个样品，对配合比中的沥青用量、矿料级配、马歇尔稳定度和流值等进行检验。

（2）沥青混凝土心墙质量检查。在摊铺心墙沥青混凝土时，检查其模板中心线与心墙轴线的偏差应不超过10mm，碾压后心墙的厚度不得小于设计厚度。

铺筑心墙时，每层均应进行外观检查，每升高2~4m，沿心墙轴线方向布置2~4个取样断面，钻孔取芯样，进行容重、孔隙率、渗透系数等测试，必要时进行三轴剪切等试验以及沥青含量和矿料级配抽验。钻取芯样的长度应根据试验项目确定，一般为40cm，芯样留在墙内的钻孔应按规定，及时回填修复。

沥青混凝土质量检测主要包括现场无损检测、现场钻孔取样检测、沥青混合料抽提试验、马歇尔击实试验及力学性能检测，沥青混凝土心墙成墙效果主要以孔隙率及渗透系数作为检测指标。

（3）沥青混凝土面板质量检查。现场监测沥青混合料，应在铺筑过程中测量记录每次拌和温度及拌和时间，严格控制碾压温度。

检查面板各层沥青混凝土的铺筑厚度，防渗层的铺筑厚度不应小于设计层厚的90%，非防渗层铺筑厚度不应小于设计层厚的85%，铺筑面应平整，在2m范围内的起伏差不超过10mm。

混凝土面板铺筑后应按监理人指示的位置钻取芯样，每 $500 \sim 1000 \mathrm{m}^2$ 至少取样1组3个样品，对芯样应进行沥青混合物容重、骨料级配、沥青含量、孔隙率、水压力下和渗透性等试验，并检查芯样中各层厚度，钻取芯样留下的钻孔应及时回填。回填时，先将钻孔冲净、擦干，用管式红外线加热器将孔壁烘干、加热，再用热沥青砂浆或细粒沥青混凝土分层回填、捣实。

沥青混凝土面板施工铺筑期间，采用无损检验方法，工地现场应备有核子密度仪。用非破损的快速检验法检验混凝土面板防渗层的铺筑质量，用渗气仪测渗透系数，用同位素密度测定仪测容重等。

检验封闭层沥青胶的配合比、加热温度及软化点。涂刷时还应在现场检验其温度、涂刷量和均匀性。

2.10 施工安全

沥青混凝土施工前应建立完善的安全组织网络，要组织开展危险源辨识工作。在拌和站配置一定的干粉和泡沫灭火器及消防栓。对于混凝土面板施工其锚碇装置和牵引装置应进行演算，使用前应进行负荷试验，合格后方可投入使用。

2.11 工程实例

2.11.1 三峡茅坪溪土石坝工程沥青混凝土心墙施工

茅坪溪土石坝位于三峡拦河大坝右岸上游，是三峡水利枢纽工程的重要组成部分，与三峡大坝共同形成三峡水库。大坝等级与三峡大坝相同，为一等一级永久建筑物。挡水水头为80m，最大坝高104m，坝顶长1840m，坝体为沥青混凝土心墙（简称心墙）堆石坝。心墙厚0.5~1.2m（下设3.0m扩大段），心墙顶轴线长880m，墙体最大高度94m，沥青混凝土工程量约5.0万m³，茅坪溪土石坝填筑标准断面见图2-11。

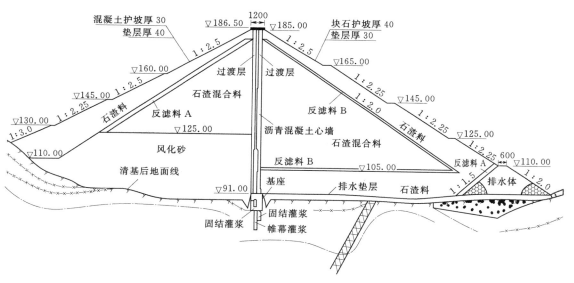

图2-11 茅坪溪土石坝填筑标准断面图（单位：cm）

2.11.1.1 原材料

（1）沥青。茅坪溪大坝使用的沥青为翼龙牌70优质水工沥青，生产厂家在沥青出厂时提供本批沥青全部试验指标报告和合格证。沥青运至现场，工地实验室按监理要求进行检测，沥青的外包装全部采用桶装。

（2）粗骨料。粗骨料采用王家坪的石灰岩进行破碎加工，控制进场石灰岩小于20cm，洁净无泥，无污染，进场块石堆人防雨棚。骨料采用两级破碎生产，粗碎选用PF-A1010型反击式破碎机，细碎选用PFL-1000型复合式冲击破碎机。粗骨料生产过程中每天检验其超逊径、针片状和含泥量指标一次，抽样点为筛分楼出料皮带输送机处，各级成品骨料分类堆放。粗骨料粒径范围为20～10mm、10～5mm、5～2.5mm三级。

（3）细骨料。细骨料粒径范围为2.5～0.074mm，人工砂用王家坪石灰岩进行破碎、筛分生产，河砂采用长江的天然河砂筛分制得。细骨料由70%的人工砂和30%的天然砂组成。

（4）矿粉。矿粉粒径小于0.074mm，茅坪溪大坝沥青混凝土填料为石灰岩生产的人工砂经柱磨机磨细后分选而得，生产50～100t矿粉取样一次对设计指标进行检验，生产中每天检测矿粉细度，矿粉储存要求防雨防潮，并防止杂物混入。

2.11.1.2 机械设备配置

三峡茅坪溪心墙沥青混凝土生产所用的拌和设备选购了强制式、间歇式的LB-1000型沥青混合料拌和楼，其附属设备包括沥青脱水加热设备、文丘里除尘器、40000L沥青泵、沥青恒温罐、2100L/h柴油泵、导热油加热器，热油泵等。摊铺采用具有心墙沥青混凝土和两侧过渡料同时摊铺作业的沥青混凝土心墙联合摊铺机，心墙沥青混凝土的摊铺宽度根据心墙的设计宽度实际可以在50～120cm之间进行调整，碾压采用德国生产的宝马振动碾，并购置、安装了一套骨料破碎加工系统，三峡茅坪溪土石坝沥青混凝土心墙工程铺筑主要机械设备见表2-8。

表2-8　　　三峡茅坪溪土石坝沥青混凝土心墙工程铺筑主要机械设备表

设备名称	型号	设计能力	数量/台（套）	说明
沥青混凝土搅拌楼	LB1000	60t/h	1	沥青混合料拌制
沥青保温自卸车	EQ3141GJ	10t	4	沥青混合料水平运输
自卸汽车		10t	6	过渡料运输
摊铺机	DF-130C	1～3m/min	1	机械摊铺混合料，无自振功能
推土机	D85		2	过渡料平整
振动碾	BW90AD	1.5t	1	心墙碾压
振动碾	BW90AD-2	1.5t	1	心墙碾压
振动碾	BW120AD	2.7t	1	碾压过渡料
立式复合破碎机	PFL-1000	50t/h	1	骨料破碎
反击式破碎机	PF-A1010	45t/h	1	骨料破碎
柱磨机	ZHM400	10t/h	1	磨粉
分选机	GB1800B	10t/h	1	骨料分选
装载机	CAT980C	4m³	1	沥青混凝土运输（改装）
	85Z		1	过渡料备料场装料
反铲	EX-200		1	过渡料装入摊铺机
空压机		9m³	1	沥青混凝土层面除灰
小型打夯机			1	沥青混凝土边角夯实
吸尘器			1	沥青混凝土表面吸尘
远红外线加热器			2	沥青混凝土表面加热

2.11.1.3　工程组织

为节约工程投资和减少占地，茅坪溪土石坝回填材料采用三峡主体工程基础开挖料和部分料场开挖结合的施工方案。工程进度要求与三峡水利枢纽主体工程一致。工程分两期进行，一期大坝填筑至高程142.00m。沥青混凝土工程量约2.2万m³，沥青混凝土心墙自1997年8月正式开始铺筑，到2000年9月完成。第二期2000年12月开始填筑，于2006年7月完工。

2.11.2　下坂地水利枢纽大坝工程沥青混凝土心墙施工
2.11.2.1　概述

下坂地水利枢纽大坝工程拦河坝为沥青混凝土心墙砂砾石坝，最大坝高78m。坝顶全长406.00m，坝顶高程2966.00m，其心墙分层见图2-12。

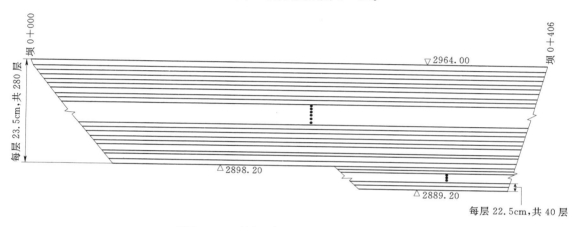

图2-12　下坂地大坝沥青心墙分层示意图

沥青混凝土心墙厚度采取间隔渐变设计，大坝最低处厚度1.2m，高程2962.00m的心墙厚度0.6m。顶部高程2964.00m，顶部厚度1.6m；沥青混凝土心墙主要工程量：沥青混凝土23525m³，2cm砂质沥青马蹄脂1550m²，心墙基座C25混凝土3080m³，沥青砂浆2700m³。

2.11.2.2　劳动力配置

管理人员4人，砂石骨料加工系统8人，沥青混凝土拌和系统配备8人，沥青摊铺配备10人，过渡料配备10人，实验工程师1人，实验员2人，质检员2人，施工技术员2人，维修工2人，电工1人。

2.11.2.3　主要机械设备配置

投入的主要机械设备见表2-9。

表2-9　　　　　　　　　　　投入的主要机械设备表

设备名称	型号	设计能力	数量/台（套）	说　明
沥青混凝土搅拌楼	LB1000	60t/h	1	沥青混合料拌制
沥青保温自卸车		8t	5	沥青混合料水平运输
自卸汽车		15t	8	过渡料运输

设备名称	型号	设计能力	数量/台（套）	说　明
摊铺机	XT120-95	1～3m/min	1	机械摊铺混合料，无自振功能
推土机	D85		2	过渡料平整
振动碾	BW90AD	1.5t	2	心墙碾压
振动碾	BW120AD	2.7t	2	碾压过渡料
多功能叉车		12t	2	沥青混凝土运输（改装）
装载机	ZL-50		1	过渡料备料场装料
反铲		1.2m³	1	过渡料装入摊铺机
反铲		3m³	2	
空压机		9m³	1	沥青混凝土层面除灰
小型打夯机			1	沥青混凝土边角夯实
远红外线加热器	HLR500		1	沥青混凝土表面加热

2.11.2.4　实验室的主要仪器配置

实验室的主要仪器配置见表2-10。

表2-10　　　　　　　　　　　实验室的主要仪器配置表

序号	名　称	数量	单位
1	电子天平	2	台
2	针入度仪	1	台
3	软化点仪	1	台
4	延度仪	1	台
5	马歇尔击实仪	1	台
6	马歇尔稳定及流值试验仪	1	台
7	沥青混合料拌和机	1	台
8	自动脱模机	1	台
9	摇筛机	1	台
10	薄膜老化烘箱	1	台
11	恒温水浴	2	台
12	核子密度仪	2	套
13	沥青混凝土专用取芯机	1	台
14	全自动离心式抽提仪	1	台
15	数字温度计	2	台
16	分样筛	2	套
17	沥青混凝土专用三轴仪	1	台
18	电热干燥箱	2	台
19	压力机	1	台
20	渗透仪	1	台
21	渗气仪	2	台
22	试样切割机	1	台
23	真空泵（真空皿）	1	台
24	沥青混凝土比重瓶	20	个
25	专用骨料针片状卡尺	2	个

2.11.3 西龙池抽水蓄能电站上水库沥青混凝土面板施工

2.11.3.1 概况

西龙池抽水蓄能电站上水库全库采用碾压式沥青混凝土面板防渗，面板为简式断面结构，面板分库底和库岸两类。其中库底结构从上往下依次厚 2mm 沥青马蹄脂封闭层、厚 10cm 普通沥青混凝土防渗层、厚 10cm 开级配沥青混凝土整平胶结层、碎石垫层；库岸结构从上到下依次厚为 2mm 改性沥青马蹄脂封闭层、厚 10cm 改性沥青混凝土防渗层、厚 10cm 开级配沥青混凝土整平胶结层、碎石垫层。本项目总防渗面积 22.46 万 m²。沥青混凝土总方量 4.6 万 m³，2006 年 5 月开始施工，2006 年 10 月结束，上水库沥青混凝土施工工期共 6 个月。

2.11.3.2 项目总体配置

本项目成品料堆场共分 6 个料仓，其中 5 个料仓堆放加工系统生产的五种级配骨料，一个料仓堆放天然砂，整个成品料堆场堆放容积 5000m³ 约 7d 的用量。根据施工强度及工程量，本工程配备了两套沥青混合料拌和系统，分别为 LB－3000 型和 LB－2000 型，其设计拌和能力为 180t/h 和 120t/h，系统主要设施有沥青车间、柴油储罐、矿粉（纤维）仓库及沥青混合料拌和设备。沥青车间设有沥青储库和沥青脱水装置。沥青储库面积 1000m²，储量 1500t。车间配备 JRHY10 型沥青熔化、脱水、加热联合装置。

（1）施工安排和工艺。西龙池抽水蓄能电站上库面板总的施工顺序是先库底、后岸坡。各部位具体结构施工流程为：垫层施工→整平胶结层施工→防渗层（包括加强防渗层）施工→封闭层施工。其中整平胶结层和防渗层的工艺流程是：沥青混合料的拌和→运输→摊铺→碾压。

（2）施工主要设备。摊铺设备：库底摊铺采用 2 台 RP951 型路面摊铺机，摊铺宽度为 6.5m，单机生产能力 80t/h。库岸斜坡摊铺设备采用 2 台改造的德国 ABG 生产的 T1－TAN326－2VDT 型摊铺机，摊铺宽度为 4.15m，单机生产能力 50t/h，每台斜坡摊铺机同时配置一台主绞架和斜坡运料小车。每台摊铺机两侧均配备了激光控制系统，人工可通过激光控制系统显示仪非常方便地控制施工面板的摊铺厚度和平整度。

运输设备：整平胶结层和防渗层沥青混合料水平运输采用 12 台改装过的 20t 斯太尔自卸汽车。改装工作主要是在车厢底板和四周都设置保温材料，加设后挡板和保温顶棚。封闭层的沥青马蹄脂是流态混合料，且出料时的温度只有 100℃ 左右，为达到 180℃ 左右的施工温度，专门研制了 5 台利用燃气进行加热的沥青马蹄脂保温运输车。

碾压设备：库底碾压设备采用 4 台上海酒井 SW330 型水平振动碾，单台振动压力为 2.95t，钢轮宽度为 1.2m。斜坡碾压设备采用 2 台副绞架车和 4 台 SW330 型坡面振动碾。沥青混凝土边角处及人工摊铺区，采用 4 台 HS66ST 型手扶式振动碾，手扶式振动碾单台碾动力为 1.5t，单机功率为 10.0kW。局部区域配备 4 台小型博士平板夯碾压，单机功率 2.0kW。

斜坡牵引设备：斜坡牵引设备采用自行研制的 2 台主绞架、2 台运料小车和 2 台副绞架。主绞架是一套全方位系统设备，采用履带行走装置，可对斜坡摊铺机和运料小车进行上、下牵引，也可作为沥青混合料的垂直运输手段，具有 360° 旋转功能。运料小车配有液压自卸装置。副绞架车可对坡面振动碾进行上下牵引，具有履带行走和 360° 旋转的功能。

沥青混凝土缝面加热设备：在每台摊铺机的前头两端配置1～2套远红外线加热器，红外线加热系统能够在环境气温－1～27.5℃下将前一层沥青混凝土表面加热到90～110℃；面板水平施工缝及试验取样坑内的加热采用手持式加热枪，枪管直径3cm，枪口为一根直径10cm的铁管。

沥青面板封闭层施工设备：沥青面板封闭层为2mm的沥青马蹄脂，配备2台进口沥青马蹄脂洒布车。该洒布车轮胎橡胶实心胎，车上配置2m³储料罐，上部设有进料口，料仓内设加热装置，车尾装有喷洒管及橡胶刮片，喷洒宽度2.95m。

（3）混合料运输。西龙池抽水蓄能电站上库的沥青拌和楼距施工现场只有3～8min的车程，运输道路为混凝土路面，相当平坦，能有效防止骨料离析和沥青混凝土运输过程中的温度损失。沥青混合料运输时采取对车厢顶部覆盖保温帆布进行覆盖。沥青混合料运到现场后将车辆轮胎清扫干净后方可进入卸料现场。

（4）沥青面板施工。库底为水平摊铺，主要使用改造的RP951型路面摊铺机，施工时按整平胶结层、防渗层结构分层施工，一次摊铺碾压施工成型厚度10cm。同一结构层分条幅进行，库底每条摊铺条幅宽度6.4m（首次摊铺条幅宽度6.5m）。施工前先进行施工放线、场地清理、机械设备检查等准备工作。准备工作完成后将摊铺机开至待摊铺的条幅一端，在待摊铺条幅的开头及结尾端线上放置厚度要与摊铺厚度相同的2条厚11.5cm的方木；用加热器加热烫平板约10～15min（如果存在横缝，需同时对横缝进行加热，加热后横缝温度不低于100℃）。库底施工时，运输车辆将料运至摊铺机前10～30cm处停下，不得撞击摊铺机，然后将沥青混凝土卸入摊铺机受料斗内。卸料过程中运输车辆应挂空挡，靠摊铺机推动前进。自卸车边卸料摊铺机同时摊铺前进。对于已经形成的条幅边缘应用摊铺机修成45°角的斜坡，然后进行相邻条幅的摊铺与碾压，库底碾压采用SW330型水平振动碾。接缝两边一起重叠碾压宽度要大于10cm，碾压的基本要求是保证摊铺层达到规定的压实度和表面平整度。

库底封闭层摊铺使用的主要设备为沥青马蹄脂摊铺车和马蹄脂运输车等，涂刷封闭层前将防渗层表面清洗干净、干燥。被污染而清理不净的部分，应喷涂冷沥青。封闭层的摊铺采用马蹄脂摊铺车刮刷的方法，摊铺厚度2mm，普通沥青马蹄脂施工温度控制在160℃，喷洒行进速度控制在10m/min，且应保持匀速前进，要确保均匀地填满防渗层表面孔隙，涂刷好的封闭层表面禁止人机行走。

对于库岸斜坡上胶结层和防渗层的施工，运输车到达斜坡施工位置上方的环库公路后，将沥青混合料分次卸入主绞架的吊斗内（每次不能超过吊斗的提升能力），然后由吊斗将沥青混合料转到运料小车，再由运料小车转入斜坡摊铺机料斗中。斜坡沥青混凝土摊铺及碾压：斜坡（包括反弧段）采取的是T1－TAN326斜面摊铺机，准备工作完成后，主绞架就位，使其牵引的摊铺机对准摊铺条幅。加热器加热烫平板约10～15min。如有横缝，需同时对横缝加热，加热后横缝温度不低于100～130℃，对已形成的条幅边缘应用摊铺机修成45°角的斜面，其摊铺碾压工艺与库底基本相同。

岸坡封闭层为改性沥青马蹄脂，施工温度控制在180℃左右，沥青马蹄脂从运输车转入摊铺车中需要在施工区附近搭建卸料台，由运输车从台上往摊铺车卸料，或使用有起吊功能的设备（如主绞架等）将沥青马蹄脂转吊到摊铺车中。

其施工中的摊铺厚度、施工温度、碾压遍数、接缝碾压的重叠宽度均是按生产性试验确定，具体标准见表2-11、表2-12。

表2-11   沥青混凝土摊铺、碾压温度控制标准表

项　　目	防　渗　层		整平胶结层 （库底或斜坡）
	改性沥青混凝土（斜坡）	沥青混凝土（库底）	
摊铺厚度/cm	11	11	11.5
摊铺温度/℃	150～170	140～160	140～160
摊铺速度/(m/min)	0.8～1.5	1～2	1～2
初始碾压温度/℃	≥140	≥130	≥130
二次碾压温度/℃	≥110	≥110	≥100
终碾温度/℃	≥90	≥90	≥90

表2-12   沥青混凝土碾压次数和碾压重叠宽度标准表

项目	防　渗　层		整平胶结层	振动碾型号
	改性沥青混凝土	沥青混凝土		
初碾遍数	静碾，2遍	静碾，2遍	静碾，2遍	SW330
复碾遍数	振碾，6遍 前振后不振	振碾，6遍 前振后不振	振碾，6遍 前振后不振	SW330
终碾遍数	静碾，2遍 或直至轮印消失	静碾，2遍 或直至轮印消失	静碾，2遍 或直至轮印消失	SW330
重叠宽度	≥10cm	≥10cm	≥10cm	SW330

3　纤　维　混　凝　土

纤维混凝土是在水泥基料（水泥石、砂浆或混凝土）中掺入乱向分布的短纤维所形成的一种多相复合材料。我国最早采用钢纤维混凝土，是用于水工混凝土冲蚀破坏的修补，随着近年来的不断研究和实践，掺入混凝土中纤维的种类也越来越多，如钢纤维、合成纤维、玻璃纤维、天然植物纤维、混杂纤维等。不同种类的纤维混凝土表现出明显的性能差异，有的可以提高混凝土的抗折、抗冲击性能，有的可以提高混凝土的抗裂、抗渗性能，满足了各工程的不同需要。如按大类分现阶段常用来掺合到混凝土中的纤维主要有钢纤维和合成纤维。

3.1　纤维的主要类型及其技术指标

钢纤维种类较多，按生产工艺分类可分为：钢丝切断型、薄板剪切型、熔抽型和钢锭铣削型。按材质分类可分为碳钢型、低合金型和不锈钢型。按钢纤维形状可分为平直型、压痕型、波形、大头型和不规则麻面型等。按抗拉强度等级分为三级：380 级（380N/mm^2≤抗拉强度＜600N/mm^2）、600 级（600N/mm^2≤抗拉强度＜1000N/mm^2）、1000 级（抗拉强度≥1000N/mm^2）。

合成纤维混凝土是近年来发展较快的工程复合材料，工程中目前常用的纤维品种有单丝聚丙烯（丙纶）纤维、膜裂聚丙烯纤维、聚丙烯腈（腈纶）纤维、改性聚酯（涤纶）纤维、聚酰胺（尼龙）纤维。其中聚酯纤维由于耐碱性差，需要经过酸碱改性处理确认在混凝土中强度不降低才可使用。用于混凝土中一般采用直径 $d=0.01\sim0.1$mm 的细纤维，应为不含再生链烯烃的纯聚合物；纤维及其表面处理层对人体的健康和环境无不利影响；纤维在混凝土拌和物中和硬化的混凝土中应具有化学稳定性，保持纤维强度不降低。纤维应在混凝土拌和物中易于分撒，并且与硬化混凝土具有良好的黏结性能。用于防止混凝土或砂浆早期收缩裂缝的合成纤维，其抗拉强度不宜低于 280N/mm^2，用于结构增强、增韧的合成纤维宜选用弹性模量和强度较高的纤维。纤维的选用应根据纤维混凝土应用的环境和工作条件，结合纤维的几何参数、物理力学特征，综合考虑确定采用的合成纤维的品种和型号。合成纤维的各种参数宜通过试验确定，四种纤维的主要物理力学指标参数见表 3-1。

表 3-1　　　　　　　　　　四种纤维的主要物理力学指标参数表

纤维品种 主要参数和性能	聚丙烯腈纤维	聚丙烯纤维	聚酰胺纤维	改性聚酯纤维
直径/μm	13	18～65	23	2～15
长度/mm	6～20	4.8～19	19	6～20

纤维品种 主要参数和性能	聚丙烯腈纤维	聚丙烯纤维	聚酰胺纤维	改性聚酯纤维
截面形状	哑铃形	圆形	圆形	三角形
密度/(g/cm³)	1.18	0.91	1.16	0.9～1.35
抗拉强度/(N/mm²)	500～910	276～650	600～970	400～1100
弹性模量/(10³N/mm²)	17.1	3.79	4～6	14～18
极限伸长值/%	8～20	15～18	15～20	16～35
安全性	无毒材料	无毒材料	无毒材料	无毒材料
熔点/℃	240	176	220	250
吸水性/%	<2	<0.1	<4	<0.4

3.2 纤维混凝土特性

3.2.1 钢纤维混凝土特性

钢纤维具有抗裂、抗冲击性能强、与水泥亲和性好，可增加构件强度，延长使用寿命等优点。在普通钢筋混凝土结构中掺入钢纤维，不但可以提高抗拉、抗剪和抗弯强度，而且在使用性能如断裂韧性、极限应变、裂后承载和抗折、抗冲击、抗疲劳等方面都获得显著改善。

在20世纪60年代，钢纤维混凝土就用于水工混凝土蚀破坏的修补。但是室内试验和工程实践表明，普遍钢纤维混凝土用于低流速挟带小颗粒砂石条件下，其抗磨损能力不但没有提高，有时还有所降低。因此，一般钢纤维混凝土不宜作为抗冲磨材料。然而，将钢纤维加入到硅粉混凝土中，由于硅粉的微集料和火山灰作用，改变了混凝土的微观结构，改善了水泥水化产物与骨料、钢纤维与水泥基体区的微结构，减少CH晶体富集并削弱其取向性，增加C-S-H凝胶的含量，使粗孔细化，空隙率下降，增强了界面黏结能力，也使水泥石坚硬、致密，从而显著提高钢纤维混凝土的抗冲磨能力，又具有良好抗冲击韧性。可以作为水工中一些门槽二期混凝土等一些即承受较大冲击力又有抗磨要求的部位。

3.2.2 合成纤维混凝土特性

掺短合成纤维的混凝土具有能防止或减少裂缝，改善长期工作性能、提高变形能力和耐久性等优点。特别是在混凝土中加入较低掺量水平的聚丙烯纤维，即可减少或防止混凝土在浇筑后早期硬化阶段，因泌水和水分散失而引起塑性收缩和微裂纹；也可以减少和防止混凝土硬化后期产生干缩裂缝及温度变化引起的微裂纹，从而改善混凝土的防渗、抗冻、抗冲磨等性能。同时，由于大量纤维随机分布于混凝土中，使混凝土结构的变形能力、初裂后残余强度、韧性都有一定提高。此外聚丙烯纤维混凝土具有的较高黏稠性，可改善喷射混凝土的性能和降低回弹。所有这些特点使聚丙烯纤维成为国外20多年来提高混凝土性能的一项重要措施，在水电工程中一般应用于下列部位。

（1）大面积板式结构，如堆石坝面板坝、船闸底板和侧墙、护坦、消力池以及其他直接浇筑在基岩面上的底板需要有防裂的结构。

（2）防渗建筑物，如水电站厂房下层、地下室墙板、水池等。

（3）有抗冲磨要求的建筑物，如水电站高速水流的溢流面，重载车流的路面桥面抗磨层等。

（4）要求混凝土抗冻融性能高的场合。

3.3 纤维混凝土生产

钢纤维混凝土要求其强度等级不应低于 CF20；混凝土中胶凝材料用量不宜小于 $360kg/m^3$；骨料最大粒径不宜大于钢纤维长度的 2/3。结合工程应用通过试验研究，钢纤维掺量达 1.2% 以后随着掺量的增加其各项物理力学性能相差不是太大，但抗冲磨性能却随着掺量增加而降低。从提高抗冲耐磨性能和经济性及施工方便考虑一般每立方混凝土中加入 20～40kg 钢纤维为宜。钢纤维混凝土的拌和宜采用强制搅拌机拌和，优先采用将钢纤维与水泥、粗细骨料先干拌 1～2min，而后加水与外加剂湿拌的方法；也可采用先投放水泥、粗细骨料和水与外加剂，在拌和过程中加入钢纤维的方法。钢纤维混凝土的搅拌时间应通过现场试验确定，并应较素混凝土规定的搅拌时间延长 1～2min。

合成纤维混凝土拌和宜采用强制式搅拌机，其拌和方法与普通混凝土基本相同。施工时可以不改变原设计混凝土的配比，也不取代原设计的受力钢筋。一般情况下每立方米现浇混凝土掺入量为 0.6～1.2kg，纤维长度为 15～19mm，具体要根据设计的力学指标要求通过试验确定。搅拌时间视搅拌方法、搅拌机种类而异，可以与不加聚丙烯纤维搅拌时间基本相同或稍稍延长。纤维应在加入干料（砂石、水泥等）之后，加水之前投入。拌和时一般要求厂家按配合比在出厂时称量装袋，与骨料同时投入，拌和时间比普通混凝土至少延长 4min。由于纤维对人体有一定的影响，要求加料人员应带好口罩和手套，身着长袖衣服。此外，聚丙烯纤维总表面积很大，它的表面要吸附水。因此，聚丙烯纤维的加入会增加拌和料的黏稠度，降低坍落度。如果发现施工浇筑有困难时，一般不宜增加用水量，而应采用塑化剂或减水剂。

3.4 施工

3.4.1 振捣

钢纤维混凝土的运输可采用与普通混凝土相同的运输规定；泵送钢纤维混凝土的运输应缩短时间，运输过程应避免拌和物的离析。如产生离析应再二次搅拌。钢纤维混凝土的运输工具应易于卸料。浇筑方法应保证钢纤维分布的均匀性和结构的连续性，应采用机械振捣，不应用人工插捣。浇筑振捣时应避免钢纤维露出构件表面，对于消力池底板或溢流面钢纤维混凝土采用机械化或半机械化设备施工，可按下列施工步骤进行。

用平板振捣器振捣密实，然后用振动梁振捣整平。

用表面带凸棱的金属圆滚将竖起的钢纤维和位于表面的石子和钢纤维压下去，然后用金属圆滚将表面压平整。待钢纤维混凝土表面无泌水时用金属抹刀抹平，经修整的表面不应裸露钢纤维，也不得留有浮浆。

合成纤维混凝土其运输浇筑方式与普通混凝土相同，振捣要保证纤维分布均匀，应用机械振捣。根据试验表明，掺入纤维后其混凝土坍落度会损失30%，故纤维混凝土要满足设计的各项指标前提下，在普通混凝土的基础上要相应的增加坍落度，由于合成纤维混凝土收面难度比普通混凝土大，其工作量要增加1倍以上，故仓面混凝土坍落度不应低于3cm，且要做到及时收面。

3.4.2 养护

纤维混凝土可以采用与普通混凝土相同的方法养护。

3.5 工程实例

3.5.1 浙江白溪水库堆石坝工程二期面板聚丙烯纤维混凝土施工

3.5.1.1 概况

白溪水库大坝位于浙江省宁海县白溪干流中游，水库拦河坝为钢筋混凝土面板堆石坝，最大坝高124.4m。上游坝坡1:1.5，面板共分33块，除1号、2号、33号面板宽小于12m以外，其余均为12m宽。面板厚度由坝脚（高程53.00m）66.1cm渐变至坝顶（高程174.25m）的30cm，面板最大斜长206.41m，面板表面积4.93万 m^2，混凝土总量2.17万 m^3。面板分两期施工，一期面板混凝土设计高程128.50m，最大斜长128.09m。二期面板混凝土高程128.50m以上部分，最大斜长78.33m，历时11d，实际浇筑混凝土1.1万 m^3。为改善面板混凝土性能，提高面板混凝土工作寿命，白溪水库二期面板采用了聚丙烯纤维混凝土。

3.5.1.2 面板纤维混凝土配合比

面板混凝土设计指标：强度等级为C25，抗渗标号S8，抗冻标号D100，含气量4%～5%，机口坍落度6～8cm，二级配混凝土，最大骨料粒径小于40mm。

经过大量的室内试验，试制出适用于大坝面板混凝土配合比见表3-2。

表 3-2　　　　　面 板 混 凝 土 配 合 比 表

编号	水灰比	砂率/%	坍落度/cm	混凝土材料用量/(kg/m³)								
				水泥	粉煤灰	聚丙烯	砂	卵石/mm		BIy-Ⅱ/%	NMR/0.75%	水
								5～20	20～40			
A-3	0.425	37	6～8	254	45	0.9	670	595	595	2.99	2.24	127

3.5.1.3 混凝土施工

（1）现场施工准备。

1）混凝土拌和系统布置：坝顶填筑至高程173.38m后，宽约15m，长约400m，根据其长条形地势，采用一条龙布置方案，将100m的拌和系统长龙布置在坝顶。本系统配置0.75 m^3 拌和机3台，长16m皮带机2台，电子秤配料机4台，ZL30装载机1台。

2）坝面布置：坝坡上布置 2 台钢筋运输台车，2 台 3t 卷扬机，2 套无轨滑动模板，4 台 5t 卷扬机。每套滑模采用 2 台卷扬机牵引，每台钢筋台车用 1 台卷扬机牵引，牵引系统由卷扬机、配重块和滑轮组成。坝面布置有混凝土卸料受料斗，后面连接溜槽，控制混凝土入仓，斜溜槽设置在钢筋网上，并用铁丝固定，每个仓面设置两条溜槽。

（2）混凝土拌制。

1）混凝土拌制方式：为便于计量，每拌混凝土按 0.591m³ 配料（三袋水泥）。砂石料称量由电子秤完成，水泥、粉煤灰、聚丙烯、外加剂采用人工投放，各种材料设专人投放，并做好记录。根据级配报告，混凝土拌制时间 5min，先干拌 1min，后湿拌 4min，即先按中石，小石，水泥，粉煤灰，聚丙烯顺序进料，再干拌，然后加水及液体外加剂，再湿拌。经过试验块和前期几块面板施工，发现先干拌后湿拌的拌制方法存在混凝土坍落度变化较大、环境污染严重、生产效率低等问题，实际施工时取消干拌程序，直接湿拌，最终选择湿拌 5min 方式拌制混凝土。

2）坍落度调整：坍落度大小直接影响混凝土的运输、振捣、强度及外观质量。坍落度过大混凝土运输过程中易分离，混凝土强度达不到设计值，且出模后混凝土易下塌，表面平整度差；坍落度过小混凝土在溜槽中易发生堵塞现象，滑行困难，入仓后难以振捣，滑模时阻力大，易拉裂。因该混凝土坍落度损失较快，现场试验室的试拌结果 1h 后坍落度为零，实际施工中坍落度 0.5h 后损失 1/2。为寻求最佳坍落度，在施工过程中经常检测机口和仓面坍落度，并结合施工时振捣、滑模、压面等情况及时调整机口坍落度，将机口坍落度控制在 4～6cm 范围内，比配合比设计值低 2cm。

（3）混凝土运输。混凝土运输由场外运输和仓面运输两部分组成，因拌和系统布置在坝顶，运距较短，故采用 0.4m 机动翻斗车（工程车）完全满足混凝土运输质量，途中运输在 15min 之内仓面采用溜槽运输，为避免因日晒、雨淋而影响混凝土质量。同时，也为防止飞石伤人，溜槽顶面采用防雨布遮盖。

（4）混凝土浇筑。

1）混凝土入仓振捣：工程车将成品混凝土送至新浇块坝顶受料斗，由溜槽至浇筑仓面，采用人工移动溜槽端部，不断调整混凝土入仓部位，使仓面混凝土面高度均匀，并辅以人工平仓。入仓后停留片刻，再进行振捣，出模后的平整度较好。仓面设 $\phi30mm$ 和 $\phi50mm$ 两种振捣器，其数量比普通混凝土振捣多 1～2 台，振捣时严格按要求操作，确保混凝土内部密实。

2）模板滑升。模板滑升速度的控制要根据入仓强度、振捣质量、坍落度大小、是否抬模及出模后是否存在坍塌现象等因素确定，1 号试验块平均滑升速度 1.711m/h，3 号试验块平均滑升速度 1.721m/h，最大滑升速度 1.898m/h，最小 1.576m/h。后续施工最大滑升速度 3.12m/h，最小 0.71m/h，平均 1.92m/h。

3）压面。混凝土出模后立即进行一次压面，待混凝土初凝结束前完成二次压面。从实际施工情况看，此种混凝土比普通混凝土抹面难度大，工作效率低，抹面泥工增加 1 倍（安排 6～7 人），不易使混凝土面光滑平顺。

（5）养护。二次压面结束后立即覆盖塑料薄膜，终凝后掀掉薄膜，覆盖草帘，并进行不间断的洒水养护。

3.5.2 三峡水利枢纽工程临时船闸上游坝段墩墙门槽高性能钢纤维混凝土的应用

（1）概况。三峡水利枢纽工程临时船闸上游坝段，在初期围堰发电时，采用叠梁门封堵通航道，在叠梁门挡水封堵2号坝段期间，临时船闸1号、3号坝段上游墙门槽将受到巨大的推力，最大线荷载达9500kN/m，门槽二期混凝土将受到很大的拉、压、剪应力，设计提出要求轴拉强度大于5.0MPa，抗剪强度大于13.0MPa，用普通混凝土难以满足使用要求。为此，决定使用高性能钢纤维混凝土。

（2）原材料及其性能。钢纤维是SF01-32铣削钢纤维，其外观似截断的韭菜叶，横截面为略带弧状的三角形，内侧表面粗糙（称毛面），外侧表面光滑（称光面），径向曲扭，两端带钩的锚尾。几何尺寸为长32mm，厚0.04mm，宽1.4～3.7mm，长径比40，抗拉强度700N/mm²。其他原材料为525号中热硅酸盐水泥（28d抗折强度8.8MPa，抗压强度56.9MPa），625号硅酸盐水泥（28d抗折强度9.3MPa，抗压强度62.3MPa）、硅粉、三峡闪长花岗岩人工碎石（粒径5～20mm）、三峡斑状花岗岩人工砂（细度模数2.80）和高强混凝土泵送剂。

（3）配比设计及试验。施工前进行了混凝土配合比试验，配合比设计原则是：既要保证混凝土力学性能指标，又要保证方便施工。经过对过去的经验总结分析，确定水胶比为0.29，硅粉的用量占胶泥材料总量的10%，钢纤维用量选择混凝土体积的1.0%、1.5%、2.0%和2.5%进行比较。水泥以525号中热硅酸盐水泥为主。考虑到施工现场影响混凝土配合比的不利因素比室内大，增加了用625号硅酸盐水泥配制水胶比0.29的钢纤维硅粉混凝土和两种水泥配制0.33水胶比的钢纤维硅粉混凝土。混凝土试验配合比及力学性能见表3-3，表中胶泥材料总量＝水泥用量＋硅粉用量。

表3-3　　　　三峡临时船闸门槽钢纤维硅粉混凝土试验配合比及力学性能表

编号	水泥标号	水胶比	胶泥材料总量/(kg/m³)	钢纤维用量（%混凝土体积）	抗压强度/MPa	抗剪强度/MPa	轴拉强度/MPa
Q81	525	0.29	523.4	1.0	66.0	12.6	6.0
Q82	525	0.29	526.9	1.5	73.9	13.4	5.7
Q84	525	0.29	532.1	2.0	75.5	14.3	5.9
Q85	525	0.29	527.2	2.5	80.4	16.3	5.8
Q88	625	0.29	528.6	2.0	79.6	15.5	5.9
Q89	525	0.33	564.5	2.0	71.3	14.0	4.8
Q90	625	0.33	564.5	2.0	74.6	14.4	5.3

为适应高温季节施工，还测试了凝结时间和坍落度损失。结果表明，工程所用的高性能混凝土在环境温度为38℃时，初凝时间为10h，终凝时间为12h，2h坍落度损失16%～30%，可满足施工要求。

实际施工采用的材料是625号硅酸盐水泥，硅粉、三峡闪长花岗岩人工碎石（粒径5～20mm）、三峡斑状花岗岩人工砂（细度模数2.60）和高强混凝土泵送剂，SF01-32铣削钢纤维。

（4）施工。门槽共浇筑高性能钢纤维混凝土 150m³ 左右，钢纤维混凝土采用自落式轮胎搅拌机现场拌和，每盘 0.3m³，由于硅粉的作用，钢纤维硅粉混凝土拌和物在连续搅拌中易粘筒，经过摸索，采用二次投料，拌和顺序为：碎石—钢纤维—水，进滚筒搅拌 1min，砂—水泥—硅粉—泵送剂，进滚筒搅拌 3min。

门槽浇筑采用安装在临时船闸 2 号坝段的一台丰满门机垂直配 1m³ 卧罐运输入仓。每隔 15～18m 搭设下料工作平台挂溜筒。每隔 2.5m 开进料窗口，连续浇筑。

考虑到现场实际情况，水胶比严格控制在 0.29～0.30。每班对砂和碎石的含水量进行现场测定，据此调整加水量。

坍落度控制在 8～12cm，最大不得超过 15cm。实际施工过程中均在 8～12cm 范围内。钢纤维硅粉混凝土的初凝时间在 12h 左右。根据这一特点，为保证模板不致走样，浇筑速度不宜太快，每班控制在 6m 以内。

经抽样检查，施工质量良好，混凝土强度指标达到设计指标。

4 补偿收缩混凝土

补偿收缩混凝土是用膨胀水泥或在普通混凝土中掺入适量膨胀剂配置而成的一种微膨胀混凝土。它是针对普通混凝土收缩变形大、易产生裂缝的弊端，起到相对补偿的效果。膨胀水泥或外掺的膨胀剂可以使混凝土的孔结构堵塞或改变，提高了抗裂性和抗渗性，可用于水池、水塔、人防、洞库等工程，由于它的膨胀性，也可用于防水工程的施工缝、后浇缝以及加固、修补、堵漏工程和水电工程止水坑槽的浇筑，也尝试用于水工大体积混凝土补偿后期的温度收缩变形。我国自 1973 年开始，结合白山水电站拱坝使用高镁水泥拌制混凝土的防裂效果，对 MgO 混凝土进行了研究和开发，制定了"氧化镁微膨胀混凝土筑坝技术暂行规定"和"水工轻烧 MgO 材料品质技术要求"并在多项工程中应用。

大体积混凝土筑坝工程应用补偿收缩混凝土实践表明，具有下列几方面的优点。

（1）降低了坝体最高温度。在建坝过程中为防止裂缝，降低水化热温升是一个重要目标。由于低热微膨胀水泥极低的低热性能，和相同条件下的低热硅酸盐水泥混凝土相比，鲁布革水电站工程实践证明，能够使最高温度降低 8～11℃。

（2）简化了基础温差控制所需要的冷却措施。由于低热和补偿收缩以及连续冷却等同时发挥作用，大坝可采用取消纵缝进行整体设计、大仓面连续浇筑施工。

（3）提高了大坝抗御气温骤降的能力。根据已建大坝的资料，多数的表面裂缝是由气温骤降引起的，而水工补偿收缩混凝土坝块表面所具有的预压应力，可以减少表面裂缝的发生。紧水滩围堰应用水工补偿收缩混凝土实践表明，低热微膨胀水泥混凝土表面产生的预压应力为 0.35MPa，比普通混凝土增加 2.6℃抗气温骤降能力，施工中采用了喷射珍珠岩水泥浆 2～3cm，工程完工后，虽遭 9.1～11.1℃气温骤降 4 次，6～8℃以上气温骤降 9 次，工程建成 2 年内没有发生表面裂缝。实测资料表明，对表面裂缝发生概率可削减 90%。

由于绝热温升极低和施工中可进行连续通水冷却，如鲁布革水电站工程原型观测证明，可削减工程内部混凝土最高温度 10.1～13.3℃，故极大地减少了坝体的内外温差。

（4）具有抗裂、抗渗性等耐久性高的性能。

（5）缩短大坝的建设工期。池潭、紧水滩拱围堰、鲁布革、安康、宝珠寺、铜街子水电站工程实践表明，水工补偿收缩混凝土建坝，进行合理的设计和施工（包括施工方法、施工顺序和浇筑强度），不仅工程质量高，而且可大大缩短大坝的建设工期。如紧水滩水电站实现了提前一年发电，安康水电站工程对比硅酸盐水泥混凝土，缩短了建设工期 2/3，鲁布革水电站大体积混凝土堵头，将采用硅酸盐水泥 5 个月的建设工期缩短为 13d，而且工程无裂缝、无渗漏、耐久。

4.1 施工条件

补偿收缩混凝土的微膨胀变形和温度变形一样，都属于非外力的"体积变形"，产生应力的必要条件是要有约束，即边界约束或坝体内外变形不均匀的内外约束，因此补偿收缩混凝土筑坝技术对大坝温度应力有以下两项补偿作用。

（1）大坝基础部位浇筑补偿收缩混凝土，使膨胀变形受到基础的约束，产生预压应力，此预压应力对基础混凝土温度应力起补偿作用，防止基础混凝土贯穿裂缝。

（2）在坝上游面浇筑一定厚度的补偿收缩混凝土，坝内部浇筑常态混凝土，形成内外约束，在坝表层产生预压应力，当混凝土坝不设纵缝通仓浇筑，不设冷却水管，大坝蓄水时内部温度还很高，在库水温的"冷冲击"作用下，坝上游面表层将产生较大的拉应力，表层的补偿收缩混凝土对此拉应力可以起抵消作用。

在补偿收缩施工前应进行混凝土的膨胀设计。由于混凝土不同的结构部位受约束的程度不同，所需要的膨胀能也不一样；同一结构的不同部位的约束程度和收缩应力不同，其限制膨胀率的设计取值也不相同；养护条件的差别会影响混凝土限制膨胀率的发挥，也是设计取值考虑的因素。设计补偿收缩混凝土时，应明确不同结构部位的限制膨胀率指标要求。补偿收缩混凝土的最小膨胀率约为0.015%，最大膨胀率约为0.060%。限制膨胀率的取值以0.005%的间隔为一个等级，如0.015%、0.020%、0.025%、…、0.060%。各用途的补偿收缩混凝土的限制膨胀率可见表4-1确定。

表4-1　　　　　　　　　　　补偿收缩混凝土的限制膨胀率表

用　　途	限制膨胀率/%	
	水中14d	水中14d转空气中28d
用于补偿混凝土收缩	≥0.015	≥-0.030
用于后浇带、膨胀加强带和工程接缝填充	≥0.025	≥-0.020

板梁和墙体结构部位，限制膨胀率的取值主要考虑结构长度、约束程度和混凝土强度。结构长度小、约束较弱、混凝土强度较低的情况下，可取低值，反之则取高值，墙体结构的限制膨胀率取值高于板梁结构。

后浇带和膨胀加强带等填充部位，限制膨胀率的取值主要考虑结构总长度、构件厚度，随结构总长度增加或厚度增大，限制膨胀率渐次增大。

设计选取限制膨胀率时，需要综合考虑混凝土强度等级、约束程度、使用环境、结构总长度等因素。一般混凝土强度高、约束程度大、结构总长度大、环境相对湿度低、收缩变形大的场合，限制膨胀率要大些。在下列情况下，表4-1中的限制膨胀率取值宜适当增大。

1）强度等级不小于C50的混凝土，限制膨胀率宜提高一个等级。

2）约束程度大的桩基础底板等构件。

3）气候干燥地区、夏季炎热且养护条件差的构件。

4）结构总长度大于120m。

5）屋面板。

6）室内结构越冬外露施工。

4.2 补偿收缩方式

配置补偿收缩混凝土有两个途径：一是用膨胀水泥配置，已在工程中应用的有明矾石膨胀水泥、硅酸盐膨胀水泥、石膏矾土水泥，也有的利用矾土水泥掺入一定量的无水石膏制成，或是在普通水泥中掺入一定量的无水石膏，并按一定比例共同磨制而成。采用膨胀水泥，因要特制，又要解决水泥的运输问题，在使用上受到一定的限制。二是采用膨胀剂，在使用上如同普通的粉状外加剂，也可以与其他外加剂复合使用。目前配置补偿收缩混凝土多采用 UEA 型混凝土膨胀剂或轻烧氧化镁。

4.3 配合比设计

使用补偿收缩混凝土进行筑坝技术应进行温度应力补偿设计，采用膨胀水泥或在普通混凝土中掺入适量膨胀剂配置而成的微膨胀混凝土其膨胀变形具有一定的延迟性，此时水泥石已经具备了一定的结构和强度，如果膨胀量过大，或延迟时间过长，势必会造成混凝土的破坏崩解，即混凝土不安定。对于内含 MgO 等膨胀水泥，其安定性有国家标准保证，只要符合《通用硅酸盐水泥》（GB 175—2007）的水泥，其安定性即满足要求。但对于外掺 MgO 等膨胀剂的混凝土使用前应进行混凝土压蒸安定性检验，确定其掺量，同时要控制掺量和均匀性。补偿收缩混凝土的配合比设计，应满足设计所需要的强度、膨胀性能、抗渗性、耐久性等技术指标和施工工作性要求。

补偿收缩混凝土和普通混凝土的区别在于补偿收缩混凝土，可以通过自身的膨胀而具有抗裂防渗功能。在配合比设计与试配时，在选材和确定材料用量方面，尽可能做到有利于膨胀的发挥，以保证限制膨胀设计值，并进行限制膨胀率测定、验证。

凝结时间对混凝土的温升和表面裂缝形成有较大影响，在配合比设计时，保证下列凝结时间，以有利于补偿收缩混凝土抗裂性能的发挥。

1）常温施工环境下，初凝时间大于 12h。

2）高于 28℃的环境和强度等级 C50 以上时，初凝时间大于 16h。

3）大体积混凝土初凝时间大于 18h。

4）冬期施工时，初凝时间小于 10h。

4.3.1 原材料选择

（1）水泥。补偿收缩混凝土中的主要材料，水泥的掺加量对于膨胀率影响很大，在配置混凝土的过程中，必须严格控制水泥称量的准确性，误差不应超过 1%，并且所用的水泥均应符合设计要求以及现行国家标准的规定。为了保证补偿收缩作用的发挥，混凝土中水泥的用量不少于 $280kg/m^3$，水泥的风化程度对膨胀率有显著影响，在正常情况下，储存期不得超过 90d，对超期的水泥，需通过膨胀率试验后才能使用。

（2）膨胀剂。选用膨胀剂以限制膨胀率作为主要控制指标，不同厂家、不同类别的产品存在质量差异。因此，有必要对产品进行复核。

膨胀剂的品种和性能应符合现行行业标准的规定，膨胀剂应单独存放，并不应受潮，当膨胀剂在存放过程中发生结块、膨胀现象时，应进行品质复验。在配置混凝土过程中如直接掺加膨胀剂，对膨胀剂的称量应当严格控制，误差不应超过 0.5%。同时，要求膨胀剂掺量不宜大于 12%，不宜小于 6%。

（3）外加剂和矿物掺合料。化学外加剂对于补偿收缩混凝土的新拌状态和硬化后性质的影响与普通混凝土的情况大致相同，不宜选用收缩率比偏大的化学外加剂，早强剂、防冻剂会使膨胀性质产生差别，使用时应该予注意。

对补偿收缩混凝土，高钙粉煤灰中的游离氧化钙对体积稳定性具有很大的不确定性，无法控制其膨胀，故严禁使用。

对硅粉、沸石粉、石灰石粉、高岭土粉等掺合料，对发泡剂、速凝剂、水下不离散混凝土外加剂等外加剂，与膨胀剂共同使用时应在使用前进行试验、论证。

（4）骨料。与一般混凝土相同。

4.3.2 配合比

补偿收缩混凝土配合比设计和配置与普通混凝土相同，但试验时要严格检查其安定性，特别是外掺膨胀剂，要精确确定其掺量并进行压蒸安定性检查。

（1）膨胀剂掺量。膨胀剂掺量不能准确反映混凝土的膨胀能，规定了限制膨胀率后，膨胀剂掺量应根据设计要求的限制膨胀率，采用实际工程使用的材料，经过混凝土配合比试验后确定。配合比试验时，限制膨胀率应比设计值高 0.005%。混凝土膨胀剂用量推荐采用表 4-2 的掺量范围。

表 4-2 补偿收缩混凝土配合比试验膨胀剂掺量表

用途	混凝土膨胀剂用量/(kg/m³)
用于补偿混凝土收缩	30~50
用于后浇带、膨胀加强带和工程接缝填充	40~60

补偿收缩混凝土的限制膨胀率大小与单位膨胀剂用量关系最密切，大致成正比。如果按使用百分比掺量确定膨胀剂用量，在混凝土强度等级较低或水泥用量较少时，直接采用厂家推荐的掺量，会出现膨胀剂实际用量不足，而导致膨胀率偏低，达不到补偿收缩的目的。

混凝土膨胀率越大，补偿收缩和导入自应力的效果越好，然而膨胀率过大，会使自由状态的混凝土试件抗压强度比不掺膨胀剂时有所降低。所以，应在保证达到最低强度要求的前提下确定较高的膨胀率。

（2）水胶比。补偿收缩混凝土的水胶比不宜大于 0.50。

试验研究表明，水胶比大于 0.50，不仅对补偿收缩混凝土的膨胀性能有一定影响，而且混凝土的耐久性也不好。

（3）单位胶凝材料用量。单位胶凝材料用量应符合《混凝土外加剂应用技术规范》（GB 50119—2013）的规定。且补偿收缩混凝土单位胶凝材料用量不宜小于 300kg/m³，用于膨胀加强带和工程接缝填充部位的补偿收缩混凝土单位胶凝材料用量不宜小于 $350kg/m^3$。

单位胶凝材料用量根据单位用水量和水胶比确定。通常 C25～C40 补偿收缩混凝土的胶凝材料用量为 $300～450kg/m^3$ 时，可获得结构致密及最佳的补偿收缩效果。但胶凝材料中掺合料过多会降低膨胀性能。因此，在配合比试验设计过程中，需要根据选用水泥的品种、膨胀剂品种及混凝土强度等级等具体情况，适当调节胶凝材料中各组分的比例。如在掺合料用量大的情况下，可以适当提高膨胀剂的掺量，确保设计要求的限制膨胀率。

4.4 施工

4.4.1 补偿收缩混凝土生产

补偿收缩混凝土宜在混凝土厂生产，补偿收缩混凝土的各种原材料应采用专用计量设备进行准确计量，原材料每盘称量的允许质量偏差应符合表 4-3 的规定。

表 4-3　　　　　　补偿收缩混凝土原材料每盘称量的允许质量偏差表

材料名称	允许偏差/%
水泥、膨胀剂、矿物掺合料	±1
粗、细骨料	±3
水、外加剂	±2

4.4.2 浇筑

在补偿收缩混凝土施工中应注意下列事项：

（1）补偿收缩混凝土在凝结硬化中虽然有些少量膨胀，但对模板的稳定性并无危害，所以模板设计可按普通混凝土的规划进行，但应更加注意浇筑前检查模板的坚固性，使模板所有接缝严密，不应漏浆，并宜将模板与混凝土接触的表面先行湿润或保潮，且保持清洁。

（2）浇筑前应制定浇筑计划，检查膨胀加强带和后浇带的设置是否符合设计要求，浇筑部位应清理干净。当超长的板式结构采用膨胀加强带取代后浇带时，应根据所选膨胀加强带的构造形式，按规定顺序浇筑。

（3）补偿收缩混凝土应连续运输、连续浇筑。运输必须快捷、需要严格控制从搅拌开始到运到现场的时间。采用搅拌车运输的混凝土宜在 1.5h 内卸料，采用翻斗车运送的混凝土宜在 1.0h 内卸料，当最高温度低于 25℃ 时，运送时间可延长 0.5h。严禁在运送过程中随意加水。当运到现场的混凝土坍落度不符合要求时，应禁止使用。为避免出现混凝土坍落度小于浇筑要求的情况，夏季运输或运距较远时可在混凝土中掺入适量的缓凝剂、保塑剂，以保持混凝土的流动性，通常可掺入相当于水泥重量 2.5%～3.5% 的木钙。

（4）补偿收缩混凝土不得采用人工振捣，必须采用机械振捣。和普通混凝土一样应按施工规范操作，防止蜂窝，麻面以外，同时要确保拌和物均匀振捣，不应过振，防止沙石分离或者离析。在浇筑区段内不应中断、不得出现初凝，不得漏振、过振或欠振。

（5）抹面与整修工作。对于小构件补偿收缩混凝土为防止其早期干缩裂纹，混凝土构件应在终凝前采用人工或机械方式对其表面进行多次抹压。

4.4.3 养护

作为补偿收缩混凝土的膨胀水泥，不论是在早期还是在硬化之后，均应比普通混凝土需要更多的水分。因此，在补偿收缩混凝土的施工过程中，必须十分注意水的问题，要保证足够的供水和严防过早失水。

补偿收缩混凝土必须注意混凝土的早期养护，若早期养护开始时间较迟，则可能抑制混凝土膨胀，一般常温下，混凝土浇筑后 8～12h，即应进行浇水养护。养护期内要保持外露混凝土表面呈湿润状态。养护期不少于 14d。在冬季施工时，构件拆模时间应延长至 7d 以上，表面不应直接洒水，可采用塑料薄膜保水，薄膜上部再覆盖岩棉被等保温材料，混凝土不应在 5℃以下施工。

4.5 工程实例

4.5.1 清溪重力坝

清溪重力坝位于广东汀江上游大埔县，属亚热带地区，坝高 48m，混凝土量 40 万 m³，全坝采用"外掺 MgO"混凝土筑坝，不用温控措施，夏季全天候施工，实现了层厚（最厚达 4.0m 以上）、短间歇（间歇 3d）快速浇筑，为工程赢得了两个月工期，蓄水 5 年后检测未发现基础贯穿裂缝，实测约束应力满足设计要求，并通过鉴定。节约投资 200 万元以上。施工时 MgO 在混凝土拌和机口用人工掺入，不增加拌和时间，MgO 掺量 4% 左右，每 4h 取检验件 1 组。坝上每铺一层混凝土，取检验件 10 组，检验 MgO 含量；全工程共取 2000 多组，测得 MgO 含量离差系数 $C_v = 0.14$，达到良好水平。

4.5.2 藏木水电站

藏木水电站为混凝土重力坝，大坝共分为 19 个坝段，每个坝段之间上下游坝基面上都设有止水系统，在大坝左、右岸坝肩混凝土与基岩结合面之间也设有止水系统。在坝基面上的止水坑长 2m，宽 1.3m，深 0.5m，坝肩止水槽断面为倒梯形结构上开口宽 2m，下开口宽 1.3m，深 0.7m。为确保止水坑及止水槽填充混凝土与基岩之间，以及止水坑及止水槽填充混凝土与止水片之间结合良好，避免绕渗漏水，提高混凝土的抗渗性能，以及减免由于混凝土收缩而产生裂缝。提出在止水坑及止水槽混凝土中掺加氧化镁，利用氧化镁遇水解膨胀的效应补偿混凝土的干缩裂缝。

根据设计要求，止水坑及止水槽混凝土强度标号为 C25，抗渗等级为 W8，抗冻等级为 F100，要求止水坑及止水槽混凝土满足防渗、抗压、抗冻、抗渗设计指标要求（见表 4-4）。

表 4-4　　　　　　　藏木水电站止水系统微膨胀混凝土设计指标表

强度等级	龄期/d	强度保证率/%	抗冻等级	抗渗等级	级配	坍落度/mm	限制膨胀率 90d/%
C25	90	95	F100	W8	二	50～70	0.01～0.04

微膨胀混凝土的水泥为华新 P. MH42.5 中热硅酸盐水泥；粉煤灰为甘肃永登连电 F 类 Ⅱ 级粉煤灰；膨胀剂为 MgO；减水剂为石家庄长安育才提供的 GK-4A 缓凝高效减水剂；引气剂为石家庄长安育才提供的 GK-9A 引气剂；砂的细度模数为 2.6 ± 0.2；小石粒径为 $5\sim20$mm；中石粒径为 $20\sim40$mm；水为可饮用水。微膨胀混凝土的小石的压碎值指标不大于 20%；小石及中石的超径不大于 5%；小石及中石的逊径不大于 10%；小石及中石的针片状指标不大于 10%。

室内试验采用 C9025W8F100 二级配微膨胀混凝土 C25 微膨胀混凝土的配置技术参数为：水灰比为 0.5，砂率为 32%，减水剂掺量为 0.8%，引气剂掺量为 0.01%，混凝土出机口坍落度为 $50\sim70$mm，混凝土出机口含气量为 3.0%～5.0%。进行了 3% 和 4% 掺量氧化镁微膨胀混凝土限制膨胀率试验，其试验结果见表 4-5。

表 4-5 掺氧化镁微膨胀混凝土限制膨胀率试验结果表

试验序号	氧化镁掺量/%	限制膨胀率/%				
		水中			空气中	
		3d	7d	14d	28d	90d
1	3.0	0.008	0.014	0.020	0.026	0.030
2	4.0	0.014	0.023	0.032	0.038	0.037

根据表 4-5 试验成果：推荐 90d 龄期微膨胀混凝土中 MgO 掺量为 3.0%。藏木水电站大坝止水系统微膨胀混凝土施工配合比见表 4-6，其试验结果见表 4-7。

表 4-6 藏木水电站大坝止水系统微膨胀混凝土施工配合比表

级配	配合比参数						材料用量/(kg/m³)									出机口控制坍落度/mm
	水胶比	砂率/%	氧化镁掺量/%	粉煤灰掺量/%	减水剂掺量/%	引气剂掺量/(1/万)	水	水泥	粉煤灰	氧化镁	人工砂	人工碎石		减水剂	引气剂	
												小石	中石			
二	0.50	32	3	25	0.8	1.0	128	192	64	7.68	657	559	838	2.048	0.0256	50～70

表 4-7 藏木水电站止水系统微膨胀混凝土室内相关性能试验结果表

设计等级	级配	水胶比	用水量/(kg/m³)	砂率/%	粉煤灰掺量/%	氧化镁掺量/%	坍落度/mm	含气量/%	抗压强度/MPa			28d抗渗	28d抗冻	控制坍落度/mm	控制含气量/%
									7d	28d	90d				
C₉₀25 W8F100	二	0.50	128	32	25	3.0	65	4	15.6	26.3	34.7	>W8	>F150	70～90	4.0～6.0

配合比计算参数为：华新 P. MH42.5 中热硅酸盐水泥表观密度为 3.21g/cm³；粉煤灰表观密度为 2.28g/cm³；MgO 的表观密度为 3.2g/cm³；砂的表观密度为 2.65g/cm³；碎石的表观密度为 2.68g/cm³。

配合比根据表 4-7 中的骨料用量以饱和面干状态计算。

上述配合比中粗骨二级配组合级配为：小石：中石＝45：55。

为方便于外加剂的计量并有利于外加剂在混凝土中充分混合，拌制混凝土实际使用时，减水剂配制为 20％溶液，引气剂为 0.5％溶液。拌制混凝土实际使用时，含气量按 3.0％～5.0％控制。引气剂的掺量应根据混凝土含气量的控制值及时进行调整。

在使用过程中，实际用水量应扣除砂子表面含水率和外加剂溶液中水的用量。配合比中所用的人工砂细度模数为 2.75，现场如发生变化应及时调整砂率。配合比表中粗骨料级配为标准级配，现场如发生变化应及时调整粗骨料用量。

5 自密实混凝土

自密实混凝土又称自流平混凝土，是一种具有高流动性、高填充性、高抗离析性，能不经振捣靠自重流平并充满模板和包裹钢筋的新型混凝土。自密实混凝土在配合比设计上用粉体取代了相当数量的石子，通过高效减水剂的分散和塑化作用，使浆体具有优良的流动性和黏聚性，能够有效包裹输运石子，从而实现良好力学工作性能，达到"自密实"的效果。其主要用于钢筋密集、空间狭窄、无操作净空而难以振捣甚至传统施工方法无法浇筑等部位。具有提高生产效率、保证混凝土良好密实性、改善工作环境和安全性、改善混凝土的表面质量、增加结构设计的自由度、避免振捣对模板产生的磨损等一系列优点。

5.1 主要特性及指标

由于自密实混凝土骨料粒径小、砂率高、流动性大，水泥用量，水化热相对较大，干缩大，收缩应力大，成本较高，自密实混凝土在水电工程中主要用于地下洞室混凝土衬砌或断面尺寸较小的二期混凝土（如闸门槽回填），压力钢管槽回填及水电站厂房蜗壳及座环下部回填、各种基础埋件二期回填。与普通混凝土相比，自密实混凝土需具有下列性能。

（1）高流动性。自密实混凝土属于高流态混凝土，不宜单一采用坍落度评价其流动性，依据《水工混凝土试验规程》（DL/T 5150—2001）中的混凝土拌和物扩散度试验方法测定混凝土拌和物扩散度，以此来评价自密实混凝土拌和物流动性能，自密实混凝土必须能够流动并填满模板内每个角落。

（2）高稳定性。混凝土稳定性差主要表现在离析和泌水两方面。离析是指粗骨料与细骨料分离，导致混凝土上下密度不一，影响混凝土的浇筑质量，降低硬化后的强度；泌水是指混凝土浇筑与捣实后初凝前，在骨料的重力挤压作用下，流动性较好的水泥浆和水上浮至混凝土上表面，同时出现浮浆层。自密实混凝土要保证其工作性达到要求，在流动过程中必须保证不离析，同时减少泌水。

（3）通过钢筋栅间隙的能力。自密实混凝土在流过密集钢筋或狭窄空间保证不会产生堵塞。为评价混凝土拌和物通过钢筋间隙的能力，使用图 5-1 试验装置进行试验。使拌和物从 a 向 b 水平流动通过两层间距为 8cm 的钢筋栅（钢筋直径 25mm），分别检测 a、b 两处的混凝土容重和高差，通过混凝土容重和高差比较评价混凝土通过钢筋间隙的能力。通过有关试验结果表明，混凝土拌和物通过钢筋栅能力与混凝土水胶比有很大关系，当建筑物钢筋密集时，水胶比不宜大于 0.40。

（4）高填充性。填充能力是衡量自密实混凝土工作性的一个重要指标，一般采用

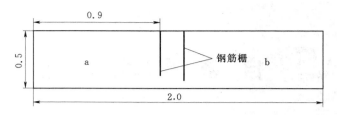

图 5-1 自密实混凝土间隙通过能力试验装置示意图（单位：m）

BOX 模型试验来检验，考虑到 BOX 模型太小，难以反映拌和物通过多层钢筋后的填充能力，根据实际情况对 BOX 模型进行了改良，改良后的试验装置为长×宽×高＝2m×0.3m×0.5m 的木制 U 形槽，内置多层钢筋网（见图 5-2）。

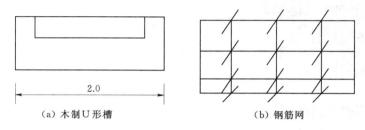

（a）木制 U 形槽　　　　　　　　　（b）钢筋网

图 5-2 自密实混凝土填充性试验装置示意图（单位：m）

　　试验时混凝土从一端倒入，流经布有钢筋网的中部，从另一端翻出。观察拌和物在流经钢筋网后是否发生分离，待混凝土硬化后，拆模观察混凝土对整个试验装置的填充情况和表面是否有缺陷。试验结果采用如上所述的最大粗骨料粒径为 20mm、水胶比为 0.37 的混凝土，流经钢筋网后混凝土无分离现象，拆模后 U 形槽试模边角填充饱满，试件外观无缺陷。

　　（5）良好力学性能及耐久性。自密实混凝土的抗压强度在水胶比及粉煤灰掺量相同情况下，与常规混凝土基本相同，但自密实混凝土具有较高轴拉强度和极限拉伸值，同时，自密实混凝土也具有良好抗冻和抗渗性能。

5.2　原材料的要求

5.2.1　对外加剂的要求

　　对高流动混凝土外加剂性能的要求为：有优质的流化性能，保持拌和物流动性的性能、合适的凝结时间与泌水率、良好的泵送性；对硬化混凝土力学性质、干缩和徐变无坏影响、耐久性（抗冻、抗渗、抗碳化、抗盐浸）好。

　　自密实混凝土是随着高效减水剂的发展而产生的，减水剂对其性能有着决定性的影响，即使在设计强度等级要求不高的情况下，也要使用高效减水剂。减水剂的作用相当于振捣棒，均匀分散水泥颗粒于水中形成浆体，骨料通过浆体浮力和黏聚力悬浮于水泥浆中。目前，几乎所有的高流动性混凝土均使用的是聚羧酸系减水剂。

　　同时，由于自密实混凝土拌和物往往有离析的倾向，对此多采取掺入增稠剂的方法来解决。以便在较低的水胶比下获得适宜的黏度以及良好的黏聚性和保塑性，实现自密实所需的各项工作性能。增稠剂的种类主要有纤维素水溶性高分子、丙烯酸类水溶性高分子、葡萄糖或蔗糖等生物高聚物等，其中纤维素醚和甲基纤维素应用最广泛。

5.2.2　对水泥的要求

水泥强度等级根据混凝土的试配强度等级选择，同时，考虑与减水剂相容性问题，通常自密实混凝土比普通混凝土水泥用量多、水泥强度等级高。由于自密实混凝土中往往都掺有粉煤灰或磨细矿物掺合料，为避免硬化混凝土强度发展较慢的问题，可优先使用不含矿物掺合料或矿物掺合料含量较少的硅酸盐水泥或普通硅酸盐水泥。考虑到工作性要求及坍落度经时损失小的要求，应优先选择 C_3A 和碱含量小、标准稠度需水量低的水泥。

5.2.3　对骨料的要求

对粗骨料而言，考虑到拌和物的间隙通过性、分层离析概率以及流动阻力，宜采用连续级配或 2 个单粒径级配的石子，最大粒径不宜大于 20mm。配制自密实混凝土要求砂石的品质更高，石子的含泥量不大于 1.0％、泥块含量不大于 0.5％、针片状颗粒含量不大于 8％，石子孔隙率小于 40％。

对细骨料而言，考虑到自密实混凝土的砂率较大，若选用细砂，则混凝土的强度和弹性模量等力学性能将会受到不利影响。同时，比表面积的增大也将增大拌和物的需水量。若选用粗砂则易造成拌和物黏聚性不利的问题，故宜选用级配合格的中砂。另外，为了降低需水量，砂的含泥量应小于 1％，砂中所含小于 0.125mm 的细粉对 SCC 流变性能非常重要，一般要求不低于 10％。

5.2.4　对矿物掺合料的要求

超细矿物掺合料是自密实混凝土配制不可缺少的条件，品种适宜的矿物掺合料可以和水泥颗粒形成良好的级配，提高拌和物的流动性、黏聚性、减少水泥用量和水化热，并通过二次火山灰效应参与水化进程，提高混凝土后期强度。另外，自密实混凝土浆体总量较大，硬化混凝土收缩较大，不利于提高混凝土的耐久性和体积稳定性，在胶结料中掺用适宜的矿物掺合料则可以降低胶结料的需水量，克服这些缺陷。

常用的超细矿物掺合料有Ⅰ级粉煤灰、矿粉和硅粉，矿物掺合料的细度和吸水量是重要的参数，一般认为直径小于 0.125mm 的细矿物掺合料对自密实混凝土更有利，并且要求 0.063mm 孔径筛的通过率大于 70％。

5.3　配合比设计

5.3.1　配合比设计原则

与普通混凝土采用机械振捣时因触变作用令骨料与砂浆之间的屈服剪切应力的大幅度减小，使振动影响区内的混凝土呈液化而流动并密实成型的道理相似，制备自密实混凝土的原理是通过外加剂、胶凝材料和粗细骨料的选择搭配和配合比设计，使骨料间的摩擦力减小到适宜范围。同时，又具有足够的塑性黏度，使骨料悬浮于水泥浆中，不出现离析和泌水问题，能自由流淌充分填充模型内的空间，形成密实且均匀的结构，达到流动性与抗离析性的平衡。因此，配合比设计对自密实混凝土而言具有至关重要的意义。

自密实混凝土配合比在设计时，应遵循工作性能和强度等级并重的原则，最直接的办法是通过试验确定。在试验前，应根据已有工程资料对试验进行指导，其各种材料组成可按绝对体积法计算，其各参数间的关系可参照下列几条原则确定。

（1）水胶比。除了与常态混凝土一样，混凝土水胶比选择应满足混凝土各项性能外，还必须考虑大流动度混凝土为保持良好的黏聚性需要对最大水胶比的限量。减小水胶比，可以增加混凝土的黏聚性。由试验结果得到，当水胶比在 $0.35 \sim 0.40$ 之间时，骨料可以随着浆体通过多层钢筋网，当水胶比大于 0.40 时，骨料通过钢筋网的能力减弱。因此，当钢筋比较密集时，水胶比以不大于 0.40 为佳。但对于较大的浇筑块体，相对钢筋较少时，亦可适当增大水胶比，根据施工经验，浇筑强度等级较低的混凝土，采用 0.48 水胶比，混凝土仍能保持良好性能。

（2）胶凝材料用量。为了达到大流动和保持混凝土良好的黏聚性，混凝土胶凝材料不应过低。在水工混凝土中，不希望用过高的胶凝材料用量，这样会增大水泥水化温升，而过低胶凝材料用量，又会使混凝土黏聚性变差，根据三峡水利枢纽工程经验，胶凝材料用量大致在 $350 \sim 450 \text{kg/m}^3$ 之间选定。

（3）单位用水量。增加单位用水量，可以增大混凝土流动度，但混凝土易发生离析，增大混凝土泌水，影响到混凝土的和易性，要得到优质的混凝土，在保证混凝土流动度前提下，应采用较小的单位用水量。为此在配制自密实混凝土时，应选用减水率高的且能保持混凝土结构稳定的外加剂，对自密实混凝土而言，外加剂选择成为决定自密实混凝土性能的关键因素。

混凝土的水胶比、胶凝材料用量及用水量三者之间是互相关联的一个整体，需进行综合比较后确定，为了得到流变性好的自密实混凝土配合比，应采用较低的骨料含量和足够黏度的砂浆，水泥浆与骨料的体积比应为 $35：65$。

（4）矿物掺合料用量。掺入细磨粉煤灰的微珠效应和复合高效减水剂作用叠加，赋予混凝土良好的免振自密实性能，而且掺入粉煤灰可以减低水泥水化热温升。为了满足最低胶凝材料用量，在胶材总量不变的情况下，选取合适的粉煤灰掺量，可以满足各种强度等级混凝土要求。

（5）砂率。自密实混凝土的砂率大小，影响着免振与振捣强度比的大小，增大砂率能够减小砂浆与粗骨料之间的相互分离作用，但砂率过大时会影响自密实混凝土的弹性模量和抗压强度。一般情况下，自密实混凝土砂率应在普通混凝土的基础上提高 $3\% \sim 5\%$。试验表明，砂子在砂浆中的体积含量超过 42% 以上，堵塞随砂体积含量的增加而增加。当砂率达到 44% 时，堵塞概率为 100%，故砂浆中砂体积含量不能超过 44%；当砂率小于 42% 时，可完全不堵塞，但砂浆的收缩度随砂体积含量的减小而增大，故砂子在砂浆中的体积应不低于 42%。

（6）骨料粒径与级配。为了减小骨料分离，也为了能采用混凝土泵输送入仓，骨料最大粒径应不超过 40mm，且中石与小石比例采用 $50：50$ 或 $40：60$ 为宜。

5.3.2　混凝土的试配

混凝土试配时应采用工程实际使用的原材料，每盘混凝土的最小搅拌量不宜小于

25L。试配时，首先应进行试拌以检验其工作性，其试拌常见问题及原因分析见表 5-1。

表 5-1　　　　　　　　　　　自密实混凝土试拌常见问题及原因分析表

问题	原因分析	问题	原因分析
充填性能不足	1. 流动性不足； 2. 黏性过大； 3. 粗骨料用量过多	泌水、抓底	1. 外加剂适应性不佳； 2. 粉体及细颗粒级配不佳； 3. 配合比设计不当
流动性不足	1. 外加剂用量不足； 2. 体积水粉比过大； 3. 原材料性能不佳； 4. 配合比设计不当	保塑时间短	1. 外加剂掺量过低； 2. 外加剂保塑能力低
黏性过大	1. 体积水粉比过低； 2. 外加剂用量不足； 3. 细骨料过细	外加剂用量过高	1. 外加剂与水泥适应性问题； 2. 粉煤灰中含碳量过高； 3. 砂土细粉含量过高
抗离析性不足	体积水粉比过大		

在验证拌和物的自密实性能是否达到设计要求时，自密实性能等级的选取主要与工程结构条件和施工条件有关。工程结构条件主要包括断面形状尺寸和配筋状况；施工条件主要包括模板材质、模板形状、施工区间、泵送距离、最大自由下落高度、最大水平流动距离等。具体的自密实性能等级选取方法如下。

一级：适用于钢筋的最小净间距为 35～60mm、形状复杂、构件断面尺寸小的钢筋混凝土结构物及构件浇筑情况。

二级：适用于钢筋的最小净间距为 60～300mm 的钢筋混凝土结构物及构件浇筑情况。

三级：适用于钢筋的最小净间距为 200mm 以上、断面尺寸大、配筋量少的钢筋混凝土结构物及构件浇筑情况，以及无筋的素混凝土结构物浇筑情况。

新拌混凝土自密实混凝土性能的试验测试方法主要有下列几种。

（1）坍落扩展度试验。坍落扩展度试验用来检测新拌自密实混凝土的流动性、抗离析性，适用于各等级自密实混凝土的流动性和抗离析性能测定，其试验装置见图 5-3。

（2）扩展时间 T_{50} 试验。用坍落度筒测量混凝土坍落度时，从提离坍

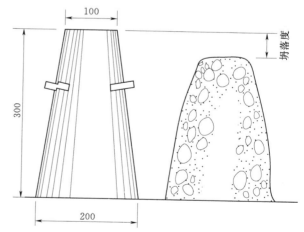

图 5-3　坍落扩展度试验装置图（单位：mm）

落度筒开始计时，到扩展开的混凝土外缘初触平板上所绘直径 500mm 的圆圈为止，该段时间即为 T_{50}（s）。

（3）V 形漏斗试验。自密实混凝土的黏度通过 V 形漏斗流出时间确定。流出时间

的测定需要在一个连续流体射束的情况下用 V 形漏斗测定流出时间，其试验装置见图 5-4。

（4）U 形箱试验。U 形箱试验主要用来测量新拌混凝土通过钢筋间隙与自行填充至模板角落的能力，适用于各个等级的自密实混凝土自密实性能的测定，其试验装置见图 5-5。

各项试验对应不同等级的新拌自密实混凝土性能试验指标参数见表 5-2。

图 5-4　V 形漏斗试验装置图　　　　图 5-5　U 形箱试验装置图

表 5-2　　　　　　　　　　新拌自密实混凝土性能试验指标表

	性能等级	一级	二级	三级	检测性能
1	坍落扩展度/mm	700±50	650±50	600±50	流动性
2	扩展时间 T_{50}/s	5～20	3～20	3～20	抗离析性
3	V 形漏斗通过时间/s	10～25	7～25	4～25	
4	U 形箱试验填充高度/mm	300 以上（隔栅型障碍 1 型）	300 以上（隔栅型障碍 2 型）	300 以上（无障碍）	填充性

当试拌得出的拌和物自密实性能不能满足要求时，应在水胶比不变、胶凝材料用量和外加剂用量合理的原则下调整胶凝材料用量、外加剂用量或砂的体积分数等，直到符合要求为止，然后提出供混凝土强度试验用的基准配合比。

按照《自密实混凝土应用技术规程》（JGJ/T 283—2012）的规定，进行混凝土强度试验时至少应采用三种不同的配合比，其中一种应为上文中确定的基准配合比，另外两种配合比较基准配合比分别增加和减少 0.02，用水量与基准配合比相同，砂率分别增加或减少 1%。每种配合比至少应制作一组（三块）试件，标准养护到 28d 或设计强度要求的龄期时试压，也可同时多制作几组试件，按《早期推定混凝土强度试验方法标准》（JGJ/

T 15—2008)早期推定混凝土强度，用于配合比调整，但最终应满足标准养护28d或设计规定龄期的强度要求。如有耐久性要求时，还应检测相应的耐久性指标。

根据强度试验结果对基准配合比进行调整，直至拌和物自密实性能和硬化后混凝土性能都满足相应要求，从而获得最终的生产配合比。

5.4 施工

5.4.1 运输

自密实混凝土由于坍落度大，一般采用混凝土罐车运输，罐车的型号以 $8 \sim 12 m^3$ 容积为宜。运输过程中需采取防晒、防寒等措施，罐车滚筒应保持 $3 \sim 5 r/min$ 的匀速转动。运送时间不宜大于 90min，如需延长运送时间，应采取相应的有效技术措施，并通过试验验证。卸料前，运输车罐体宜快速旋转 20s 以上方可卸料。

5.4.2 搅拌

由于组成材料多，必须注意搅拌均匀，目前多采用双卧轴强制式搅拌机，搅拌时间比普通混凝土长 $1 \sim 2$ 倍，约 $60 \sim 180 min$。搅拌不足的拌和物不仅因不均匀而影响硬化后的性质，而且在泵送出管后流动性进一步增大，会产生离析现象。投料顺序宜先搅拌砂浆，最后投入粗骨料。

5.4.3 浇筑

自密实混凝土入仓一般采用泵送为主，对少量回填混凝土也可采用搅拌车卸至吊罐吊运入仓，施工前需对吊罐卸料口进行处理，尽量减少卸料门的缝隙，以防漏浆。由于自密实混凝土流动性大，浇筑时对模板或其他结构产生的侧压力或浮力比普通混凝土大，演算时应按液体压力计算，施工前做好加固措施。入仓时应保证混凝土浇筑要有良好的流动性，最大水平流动距离应根据施工部位的具体要求而定，最大不宜超过 7m。柱、墙模板内的混凝土倾落高度应在 5m 以下，当不能满足规定时，应加设串筒、溜槽、溜管等装置。浇筑时宜对称均衡进行，防止钢材发生扭曲变形。为防止浇筑不均匀现象及表面气泡的产生，必要时可以采用振捣器辅助振捣，对于浇筑结构复杂、配筋密集的混凝土构件，可在模板外侧进行辅助敲击。

5.5 工程实例

5.5.1 三峡水利枢纽三期工程水电站厂房肘管自密实混凝土施工

为适应三峡水利枢纽三期工程提前一年挡水发电的赶工计划要求，右岸水电站厂房肘管采用一期预留大二期坑，待肘管安装后再进行二期混凝土回填的方式施工。肘管底部平段范围大、底部净高不足 1m，肘管与大二期坑壁之间空间狭小。同时，钢筋及锚钩、固定埋件密集，混凝土浇筑时无法振捣。为保证混凝土施工质量，该部位采用自密实混凝土。

右岸水电站厂房肘管底部二期回填第一层因施工振捣困难，采用下部为大坍落度泵送混凝土、上部为自密实混凝土的施工方法，其中自密实混凝土由下至上分别采用二级配、一级配。当试验采用粗骨料最大粒径20mm，水胶比0.37，用水量180kg/m³时，掺0.5％的SP8cr−hc超高效减水剂混凝土扩散度约为50cm，在30min内还有增长，30min后趋于稳定，60min无损失；当采用粗骨料最大粒径40mm，水胶比0.40，用水量160kg/m³时，混凝土扩散度亦达到50cm。自密实混凝土施工配合比主要参数见表5−3。

表5−3　　　　　　　　　　自密实混凝土施工配合比主要参数表

工程部位	强度等级	级配	水胶比	单位用水量/kg	粉煤灰掺量/%	砂率/%	SP8cr−hc掺量/%	引气剂掺量/(1/万)
右岸水电站厂房	C25F250W10	一	0.37	180	25	49	0.5	0.7
	C25F250W10	一	0.40	175	20	51	0.5	0.4
	C25F250W10	二	0.40	160	25	48	0.6	0.4

注　一级配混凝土开始采用0.37水胶比，后因温控要求水胶比改为0.40。

由于自密实混凝土首次在三峡水利枢纽三期工程中的大规模运用，故在正式施工前对拌和物的流动性、间隙通过能力、填充性以及抗离析能力进行了专门的模型试验。经验证，各项指标满足施工质量要求后才可用于实际浇筑。混凝土浇筑中，在拌和楼出机口取样进行抗压强度、轴拉强度、极限拉伸、抗冻及抗渗等级试验，混凝土实测抗压强度见表5−4及混凝土实测力学性能见表5−5。

表5−4　　　　　　　　　　　混凝土实测抗压强度表

强度等级	级配	水胶比	粉煤灰掺量/%	扩散度/cm	含气量/%	28d抗压强度/MPa
C25F250W10	二	0.37	25	60	4.8	46.4
C25F250W10	二	0.40	25	45	5.5	42.1
C₉₀20F250W10	二	0.48	35	—	4.6	24.9
C₉₀15F100W8	二	0.48	40	—	4.7	22.4

表5−5　　　　　　　　　　　混凝土实测力学性能表

强度等级	水胶比	级配	轴拉强度/MPa	极限拉伸/(×10⁻⁴)	弹性模量/GPa	抗冻等级	抗渗等级
C25F250W10	0.37	一	3.82	1.21	30.7	＞F250	＞W10
C25F250W10	0.37	二	3.43	1.12		＞F250	＞W10

右岸水电站厂房肘管底部二期回填第一层部位单仓沿坝轴线方向长约为35m，混凝土浇筑方量约830m³，其中自密实混凝土约660m³，浇筑历时约22h，混凝土浇筑采用泵送，在肘管上开孔灌注，现场浇筑情况良好。鉴于水工混凝土温度控制要求高，自密实混凝土在施工过程中采取了控制混凝土出机口温度、布置双层冷却水管、通制冷水初期冷却

降温等一系列措施检测混凝土内部温度。仓内埋设两层冷却水管通制冷水以降温削减混凝土内部最高温度峰值，进水温度 8～10℃，浇筑即开始通水，24h 换向 1 次，混凝土内部出现最高温度前通水流量 35～40L/min，最高温度出现后通水流量降至 18～25L/min。根据经验公式推算出一级配、二级配混凝土的 3d 水泥水化热温升分别为 37℃和 34℃，预冷混凝土出机口温度约 8℃，浇筑温度约 15℃，混凝土内部 3d 左右达到约 40℃的最高温升，与同期浇筑同标号常态混凝土相比，自密实混凝土内部温度相对较高，冷却水管的埋设削减最高温度约 9～12℃。

5.5.2　三峡水利枢纽三期工程导流底孔封堵自密实混凝土施工

三峡水利枢纽工程泄洪坝段共布置 22 个导流底孔，主要作用是三期工程截流时用来导流和初期蓄水后在汛期解决泄洪。导流底孔的结构形式采用有压管接明流泄槽形式，有压段长 82m、明流段长 28m。所有孔口尺寸均为 6m×8.5m（宽×高）。导流底孔封堵施工的封堵体全部在底孔有压段，设计单孔封堵体长 78m，封堵体分 3 段。主要施工程序为：提起工作门，孔内冲淤→上游进口检修门下门→下游出口封堵门下门→抽水设备安装，孔内抽水→弧形工作门拆除→导流底孔封堵，混凝土备仓→1～3 段封堵体混凝土浇筑→第 1 段封堵体回填灌浆→封堵混凝土冷却通水→1～3 段封堵体混凝土接缝灌浆→施工廊道回填。

由于导流底孔封堵体顶拱层在浇筑时无法进行人工振捣，必须使用自密实混凝土进行浇筑，利用其高流动性和优异的工作性解决混凝土浇筑不密实的问题。在确定自密实混凝土配比时，选择水胶比为 0.5、0.48，低热 42.5 级水泥，粉煤灰掺量 40%，二级配，拌制 $C_{90}20F250W10$ 自密实混凝土，进行 7d 力学性能试验。选择水胶比为 0.48，中热 42.5 级水泥，粉煤灰掺量 35%，二级配，拌制 $C_{90}20F250W10$ 自密实混凝土，进行 7d 力学性能试验。最终确定的自密实混凝土施工配合比主要参数见表 5-6。

表 5-6　　　　　　　　　自密实混凝土施工配合比主要参数表

强度等级	水泥品种	级配	水胶比	单位用水量/kg	粉煤灰掺量/%	砂率/%	减水剂掺量/%	引气剂掺量/(1/万)
$C_{90}15F250W10$	低热 42.5 级	二	0.48	160	40	48	1.67	2.34
$C_{90}20F250W10$	中热 42.5 级	二	0.48	160	35	48	0.5	2.34

混凝土由拌和楼拌制，混凝土料经 6m³ 搅拌车从拌和楼运输到施工现场，再从搅拌车卸入栈桥上的混凝土 6m³ 吊罐中，高架门机起吊吊罐再给布置在底孔下游底板上的受料斗供料，受料斗集料后给泵机供料，最后由泵机（包括二级配泵机和三级配泵机）通过泵管把混凝土料输送到浇筑仓内。

顶层混凝土浇筑时，先在左右块孔顶分别预理 2 根排气管和 6 根直径 150mm 的钢管，利用钢管输送混凝土料，在左右块浇筑到距离顶板 1m 时，施工人员撤离仓面，封堵进出口模板，留一块窗口以作观测。先用出口附近上游的钢管向仓内输送自密实混凝土，待泵机打不出料后使泵机保持压力 30min，封闭管口。换出口靠近下游侧的钢管继续向仓内送料，直至孔内填满混凝土为止。

封堵体内加密埋设冷却水管进行通水冷却。导流底孔浇筑层厚 3m，在浇筑层中间埋设冷却水管，并在浇筑过程中通制冷水或河水冷却，层间间歇期 6～7d。为控制混凝土最高温度，对封堵体混凝土分初期、后期两阶段进行通水。初期通河水，混凝土收仓后即开始通水，通水历时 10d。后期通 10～12℃制冷水，15d 左右，再通 6～8℃制冷水，直至温度降到 14～16℃为止。

6 水 下 混 凝 土

随着各类建筑的增多，水下基础、墩台、地下连续墙以及其他无法形成干地浇筑的工程情况随之增多，水下混凝土施工工艺应运而生。水下混凝土就是在干处进行拌制，而在水下浇筑和硬化的混凝土。水下混凝土具有水下不分离性、自密实性、低泌水性和缓凝等特性，其施工工艺简单，施工成本低，具有很广阔的应用前景。水下混凝土在水下虽然可以凝固硬化，但浇筑质量较差，强度较低。因此，只是在其他方法无法满足经济、技术要求的情况下，或在一些次要建筑物的水下部分，才采取水下混凝土浇筑的方法。

6.1 施工条件

水下混凝土施工应具备下列条件。

（1）水下混凝土施工要求在静水状态或流速较低（流速不宜大于 0.5m/s）的动水状态下水中浇筑，水的温度及酸碱度等水环境要能满足其硬化的适宜条件。工程施工时需要选择好的季节，采取围挡、套箱、格栅等方法降低流速，尽量创造合适静水等的条件。

（2）浇筑沉井等密闭结构封底混凝土时要考虑内外水位变化形成的渗透，对新浇混凝土的影响，必要时采取内外连通等平压措施。

（3）浇筑的时候不能（或不宜）振捣，要求混凝土要有良好的流动性及自密实性；同时要求结构的钢筋不能太密集。

（4）由于水下混凝土浇筑时表面的混凝土强度会受到影响，为保证混凝土的整体性和减少中间处理工作量，要求浇筑时要一气呵成，中间不能间断。

（5）水下混凝土浇筑后的强度、结构体形尺寸应满足设计要求，浇筑时不应出现大的分离，形成的混凝土结构应均匀，不应有夹渣、夹泥现象。由于与水接触，部分混凝土强度会降低，故其配合比强度应适当提高。同时，应根据施工工艺及质量要求情况选用水下不分散混凝土。

6.2 配合比设计

水下混凝土应选用普通硅酸盐水泥或硅酸盐水泥。骨料不宜具有碱活性。粗骨料宜选用连续级配的坚硬石料，最大粒径宜控制在 40mm 以下，且不得超过构件最小尺寸的 1/4 或钢筋最小水平净间距的 1/3，水下不分散混凝土的粗骨料最大粒径宜不超过 20mm，含泥量不大于 1%。细骨料宜采用级配良好的中砂、粗砂，含泥量不大于 3%，掺入混凝土的外加剂应与水泥品种相适应，原材料存量应满足混凝土连续浇灌施工需要。

水下混凝土的配合比设计指标应根据施工工艺和经验确定。如无资料时，采用导管法施工时，如采用普通水下混凝土其表层强度损失可达 50%，影响深度达 15cm 以上，水下新老混凝土黏结强度仅为干地结合强度的 40%～60%。如采用开底容器法或倾倒推进法时其整体强度和结合强度降低得更多。为提高水下补强加固工程的质量和与基底有较好黏结性，为此开发研制了掺入具有特定性能的抗分散剂，形成具有较强黏聚力，在水中不分散、自流平、自密实、不泌水的水下不分散混凝土（Non Dispersible Concrete，简称 NDC）。水下不分散混凝土水下强度与陆上（空气中）强度相比相差极小，各种水下不分散混凝土陆上和水下强度对比（见表 6-1）。

表 6-1　　　　　　　　　　各种 NDC 强度对比表

混凝土类别	水泥用量 /(kg/m³)	扩展度 /cm	抗压强度/MPa					类别
			陆上 7d	水下 7d	陆上 28d	水下 28d	水深 /cm	
NDC	>350	35～50	21.2	>12.7	32.3	>22.6	30～50	市售
NDC	400	44～50	27.5	20.5	32.4	29.1	30	
UWB 型絮凝剂	450	40～45	—	—	29.4	23.5	50	聚丙烯酰胺
普通对比组	400	38～40	22.1	5.6	33.3	9.2	30～50	—
NDC (PN-1)	400	43～47	22.9	14.2	33.8	23.5	30～50	聚丙烯酰胺
NDC (PN-2)	400	46～53	21.6	12.8	28.0	18.8	30～50	聚丙烯酰胺
普通对比组	450	45～48	20.7	2.8	32.3	7.7	50	—
NNDC-2	433	44～45	20.7	17.6	33.9	28.0	50	纤维素
普通对比组	508	48	30	7.9	40.7	9.3	50	
NNDC-2	500	45	29.1	21.7	50.6	42.8	50	纤维素
SCR	430	—	32.7	25.4	35.1	30	40	纤维素

从表 6-1 可以看出，有抗冲抗磨要求的宜优先选用水下不分散自密实混凝土，抗分散剂具体参量参照各生产厂家有关资料和试验确定。

水下混凝土的配比应根据其施工工艺确定，要满足强度和流动性要求。水下混凝土的流动性，在满足施工要求的范围内应尽量小些，几种施工方法扩展度推荐范围（见表 6-2）。

表 6-2　　　　　　　　　　水下混凝土扩展度推荐范围表

施工条件	扩展度范围/mm	施工条件	扩展度范围/mm
水下滑道施工	300～400	利用混凝土泵施工	450～550
利用混凝土导管施工	360～450	必需极好流动性时	550 以上

6.3 施工

6.3.1 施工准备

水下混凝土浇筑前应充分了解设计意图，进行测量放线，确保施工位置、结构尺寸、浇筑高度满足要求，对设计没有分缝要求的宜一次性浇筑完毕；水上施工所采用的船舶、施工平台等其他设备应满足安全施工要求和定位要求。

6.3.2 清基

浇筑前应按规定进行基面清理，软土地基应铺碎石或卵石垫层找平；对硬基应清除基底的浮泥、沉积物和风化岩块等杂物；混凝土结合处应凿毛并清理干净；桩孔成孔后应按规定进行清孔，沉渣厚度应符合设计及规范要求，泥浆密度应保证孔壁稳定。水下清基，按清基的深浅和工程量大小通常采取下列方法。

（1）高压水枪、风枪清基；潜水员水下清渣。

（2）索铲或抓斗等机械清基。

（3）对较大孤石则可以采用水下爆破（用钻孔或表面爆破法破碎），然后清除。为防止水下爆破影响已浇混凝土，可采用水下气泡帷幕或其他减震措施。

（4）对水深大于 4m 以上的粒径 10cm 以内的砂石和淤泥可采用气举反循环或抽砂泵进行管吸清理。清淤管管径为 200mm、300mm 至 600mm。

6.3.3 模板

水下混凝土模板可根据工程特点和现场施工条件确定；分别采用沉井、沉箱、预制混凝土模板、组合钢模板及模袋等型式；所选择的模板应与结构相适应，且技术先进、构造简单、安拆方便、经济合理；由于水下混凝土的流动性好，并且凝结时间有所延缓，水下混凝土浇筑对模板侧压力比普通混凝土的要大。因此，在模板设计时侧压力的确定要以可靠的资料、以往的工程实例或试验数据为依据进行计算。为安全起见，也可将模板按受液体压力设计。

水下模板一般做成整体式或装配式，水上吊装，以减少水下安装的工作量。可先在内侧搭设高出水面的施工平台，然后在四周将模板拼好后采用倒链葫芦等工具将模板沉放水中。水下模板应具有较高的稳定性，宜优先选用采用钢模板或预制混凝土模板。预制混凝土模板一般作为水下混凝土的一部分，无需拆除，有较大的优越性，其强度应与水下混凝土强度相同，预制混凝土模板与结构混凝土的结合面应凿毛处理。

模板组装应严密，避免砂浆从接缝处漏失。模板的结构要适应基础起伏不平的要求，模板与旧混凝土或岩石接缝处有较大缝隙时，宜用袋装混凝土或砂袋堵塞，对水下局部的高点也可在立模前采取水下爆破等方式予以整平。

模板的结构要考虑运输、起吊、沉放、适应基础起伏不平等要求。

6.3.4 运输

水下混凝土拌和宜采用强制式搅拌设备，称量准确，其拌和能力应满足混凝土施工强度要求。拌和时间应根据试验决定，不分散混凝土宜为 120～300s，自密实混凝土宜不少于 90s。

水下混凝土应选用坍落度损失少的方法快速运输，及时浇筑。混凝土搅拌和运输能力应不小于平均计划浇筑强度的 1.5 倍，技术性能匹配、运输路线顺畅，便于检修和应急更换处理，确保混凝土连续供应要求。浇筑现场内的运输方式可选用混凝土泵、吊罐、溜槽、溜管等；100m 以内可采用泵送。如转运距离大于 100m，优先选用混凝土搅拌车转运。也可考虑就近水上拌和，或陆上拌和后用搅拌车用渡船转运到浇筑区附近泵送入仓。施工中采用的吊车、输送泵等混凝土输送设备选型应根据水下混凝土浇筑场所、管输条件、可泵性、一次浇筑量、浇筑速率等因素选定。当输送距离长及输送较低流动性水下混凝土时，应采取扩大管径、降低输送速度、减少弯头和软管、提高泵送能力等措施。吊罐卸料口开关应灵活可靠，关闭时不应漏浆，在进料及卸料时应避免发生离析。

6.3.5 混凝土浇筑

水下混凝土浇筑有导管法、泵压法、预填骨料压浆法（简称压浆法）、开底容器法、倾倒推进法和模袋法等方法。为保证质量，宜优先采用导管法；水深较浅时，可采用倾倒推进法施工；对次要的混凝土工程，可采用袋装堆筑法和模袋法。

6.3.5.1 导管法浇筑

导管法浇筑是将拌好的混凝土通过导管借助其自重压力使其扩散。这种浇筑方式只有表层的混凝土与水接触，从而保证混凝土质量，是一种常用的方法。浇筑系统由装料漏斗、导管及隔水球构成。

将导管浇筑系统在浇筑部位拼装好，导管下端底口离基础面 30～50cm，尽量安置在地基的低洼处，将浮球用绳索系在导管的上端口，在漏斗底部设置阀门或混凝土吊球将漏斗关闭，往漏斗中灌入混凝土，见图 6-1（a）；待漏斗储存一定的混凝土后，打开漏斗下部阀门（或拔出混凝土吊球），同时快速地往漏斗中补充注入混凝土，将浮球压至管底，见图 6-1（b）；连续浇筑混凝土，浮球被压出管口后浮出水面，并一次性将导管底口埋入混凝土中 1m 以上，见图 6-1（c）；继续边浇筑混凝土，边提升导管，并逐节拆卸导管，最后直到混凝土浇筑至设计高程，见图 6-1（d）。

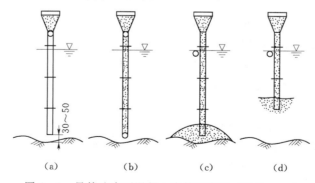

图 6-1　导管法水下混凝土浇筑程序图（单位：cm）

（1）导管设计。导管要有足够的强度，导管壁厚不宜小于 3mm，宜优先选用无缝钢管，如采用焊管应在每节管中部采用厚 3mm 钢板骑缝焊；为方便施工，导管长度的值选取：中间节长度可用 2m 等长，底节可为 3～4m，漏斗下可用 1m 长导管。导管接头宜采用自带丝扣的快速接头，底节只需一端设置接头。

导管内径应根据浇筑强度确定，一般不小于骨料最大粒径的 4 倍，常采用 $200\sim300\mathrm{mm}$。不同直径导管通过混凝土的能力见表 6-3。

表 6-3　　　　　　　　　　　　不同直径导管通过混凝土的能力表

管径/mm	150	200	250	300
通过能力/(m³/h)	6.5	12.5	18.0	26.0

（2）导管布置。水下混凝土导管在平面上的布设，应根据每根导管的作用半径和浇筑面积确定。导管的作用半径可根据在流动性保持指标时间内混凝土堆所能覆盖的范围来确定。为使混凝土能保持一定的均匀性，导管作用半径一般不大于 1.5m。因此，采用多根导管浇筑时，导管间距不大于 3m。

开始浇筑时，导管底端距孔底的距离，能保证隔水球塞或其他隔水物沿导管下落至导管底口后，能顺利排出管外，导管下端底口离基础面 $30\sim50\mathrm{cm}$，尽量安置在地基的低洼处，浇筑块最低部位应布置专门导管。

（3）水下混凝土配合比。混凝土配合比应通过试验确定。水下混凝土配制强度应较陆上配置强度提高 $10\%\sim20\%$；水胶比的上限应根据混凝土耐久性的要求确定；混凝土配合比砂率应根据骨料品种、品质、粒径、水胶比和砂的细度模数等通过试验选取，一般比普通混凝土提高 $6\%\sim8\%$，优选中粗砂。当采用天然砂时，砂率宜为 $36\%\sim46\%$；当采用人工砂时，砂率宜为 $40\%\sim50\%$。其胶凝材料用量不宜少于 380kg/m³；坍落度宜控制在 $18\sim22\mathrm{cm}$。外加剂及掺和料的品种和掺量应通过试验确定。混凝土初凝时间应根据气温、运距及灌注时间长短等因素确定，必要时可经试验掺配适量缓凝剂。

国内部分水电工程采用导管法浇筑水下混凝土配合比见表 6-4。

表 6-4　　　　　　　　　　　　导管法浇筑水下混凝土配合比表

施工水深/m	导管直径/cm	骨料最大粒径/mm	坍落度/cm	水灰比	砂率/%	水	水泥	砂	石	设计强度/(N/m²)	试件强度/(N/m²)	试件尺寸/cm	龄期/d	抗压强度/(N/m²)
14		20	16~18	0.57	48	230	410	820	877	15	18			
2.6	25.0	25	12~18	0.49	43	183	370	751	1006	40	34.5	ϕ 15×30	149	38.4
9.0	25.0	25	15	0.50		185	370			20	31.8			
0.5~2.0	25.0	40	14~16	0.48	37	176	370	718	1170	20	31	ϕ10 ×20	89	37.8
0.6~6.5	25.0	40	13~18	0.43	41	159	370	772	1115	19	38	ϕ10 ×9.5	28	19.1
2.0~4.0	20.0	40	16~20	0.41	33	152	374	579	1220	34	37.8	ϕ10 ×20	190	23.8
14.0		40	16~18	0.57	45	230	410	820	986	15	18			
0~3.0	30.0	40~60	16~18	0.55~0.57	38	193~200	350	710	1155		26.9	ϕ17 ×33	122~162	26.5~32.7

（4）首批混凝土浇筑量的需用要求。首批灌注混凝土的数量要求满足导管首次埋置深度（≥1.0m）和填充导管底部的需要（见图 6-2），所需混凝土数量可参考公式（6-1）计算：

$$V \geqslant \frac{\pi D^2}{4}(H_1 + H_2) + \frac{\pi d^2}{4}h_1 \qquad (6-1)$$

$$h_1 = H_w \gamma_w / \gamma_c$$

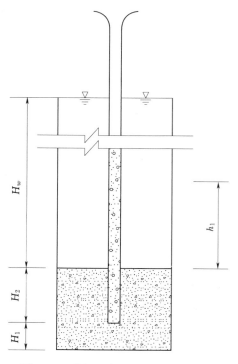

图 6-2　首批混凝土浇筑数量计算图

式中　V——灌注首批混凝土所需数量，m^3；

D——桩孔直径，m；

H_1——桩孔底至导管底端间距，一般为 0.3～0.4m；

H_2——导管初次埋置深度，m；

d——导管内径，m；

h_1——桩孔内混凝土达到埋置深度 H_2 时，导管内混凝土柱平衡导管外（或泥浆）压力所需的高度，m；

H_w——井孔内水或泥浆的深度，m；

γ_w——井孔内水或泥浆的重度，kN/m^3；

γ_c——混凝土拌和物的重度（可取 24kN/m^3）。

（5）注意事项。导管在使用前应试拼、试压，管身和接头不得漏水，水压力应大于满管时流态混凝土的最大压力，各节应统一编号，在每节自上而下标识刻度；并在浇筑前进行升降试验，导管吊装设备能力满足安全提升要求。

首批混凝土可以采用漏斗和吊罐、搅拌车等储料容器结合储料，但漏斗宜达到首批混凝土一半的储量，且不宜小于 1.5m³，其他的储料容器应补料方便。第一罐水下混凝土浇筑时，在导管中应设置隔水球将混凝土与水隔开。从首批混凝土浇筑至结束，导管的下端不得拔出已浇筑的混凝土，且导管埋入混凝土内深度不宜小于 2m。在浇筑过程中，混凝土应连续供应，不宜中断，应防止混凝土拌和物从漏斗顶溢出或从漏斗外掉出而影响浇筑和探测。浇筑时应定时将探测浇筑的高度与浇筑量进行复核，及时发现浇筑中出现的偏差，同时，根据混凝土面的上升高度及时提升导管，每次提升高度应与混凝土浇筑速度相适应，导管埋深不应大于 6m。如导管埋入混凝土时间过长和埋入深度超过规定，宜适时把导管提动一下，并按规定拆卸导管，防止造成埋管事故。在浇筑过程中，导管不应左右移动。

如发生不可避免的中断时，间歇时间一般不大于 30min，如中断时间较长，或导管脱空则应按施工缝处理。

（6）浇筑要求。浇筑完的水下混凝土上表面应平坦，并且应充填到各个角落。当水下混凝土需要抹平时，应待混凝土的表面自密实和自流平终止后进行。当水下混凝土表面露出水面后需继续浇筑普通混凝土时，应将露出水面的顶部混凝土劣质层清除。水下混凝土浇筑完毕的混凝土顶面一般高于设计标高 0.1～1.0m。对不需表面处理的混凝土取低值，清水中浇筑混凝土浇筑超高值可取 0.2m，泥浆护壁水下混凝土施工超高值可取 0.5～1m。

6.3.5.2　泵压法浇筑施工

混凝土泵送前，先在输送管内塞入海绵球，再泵送砂浆，使混凝土与输送管内的水隔开；混凝土的输送管不应透水且在浇筑过程中处于充满混凝土状态；在混凝土输送中断时，应将输送管的出口插入已浇筑的混凝土中，埋入深度不宜小于 300mm。施工中需移动水下泵管时，输送管的出口端应安装特殊的活门或挡板；当浇筑面积较大时，可采用挠性软管，由潜水员水下移动浇筑。泵管移动时不得扰动已浇筑的混凝土；泵送结束后，宜及时清洗混凝土泵及泵管。

6.3.5.3　水下预填骨料压浆法

水下预填骨料压浆法是按设计级配把干净的粗骨料填放在水下浇筑范围内，将配置好的砂浆通过输浆管压入粗骨料空隙中，使之胶结成混凝土。此法用于水下难以浇筑和不便使用导管法的部位。

（1）管路布置。应根据结构的形状及断面大小进行设计。一般多竖直放置。压浆管道的直径、间距与位置，应根据灌浆压力、压浆管作用半径、砂浆流动度等，事先进行试验确定，管径一般采用 38～51mm。

浆液扩散半径（自流灌浆时）（见图 6-3），其计算公式（6-2）为：

$$R_{ex} = \frac{(H_t\gamma_{cs} - H_w\gamma_w)D_h}{28K_h\tau_{cs}} \qquad (6-2)$$

式中　R_{ex}——浆液扩散半径，cm；

　　　H_t——灌注管长度，cm；

　γ_{cs}、γ_w——浆液及水的容重，g/cm^3；

　　　H_w——灌注处水深，cm；

　　　D_h——预填骨料平均粒径，cm；

　　　K_h——预填骨料抵抗浆液运动附加阻力系数，碎石为 4.5，卵石为 4.2；

　　　τ_{cs}——浆液极限剪应力，gf/cm^2。

当无试验资料时，用式（6-3）初估水泥砂浆浆液在预填骨料中的扩散半径：

$$R_{ex} = 1.5D_h(H_{cw} + 2H_a) \qquad (6-3)$$

式中　R_{ex}——浆液扩散半径，cm；

　　　D_h——预填骨料平均粒径，cm；

　　　H_{cw}——水面距水泥砂浆面的高度，cm；

　　　H_a——水泥砂浆柱高出水面的高度，cm。

浆液升涨高度（自流灌注时）（见图 6-4），其计算公式（6-4）为：

$$h_{cs} = \frac{\left(H_t\gamma_{cs} - H_w\gamma_w - \dfrac{4H_t\tau_{cs}}{d_t}\right)D_h}{(\gamma_{cs} - \gamma_w)D_h + 28K_h\tau_{cs}} \qquad (6-4)$$

式中　h_{cs}——灌注浆液在预填骨料中的最大升涨高度，cm；

　　　d_t——灌注管内径，cm；

其他符号意义同公式（6-3）。

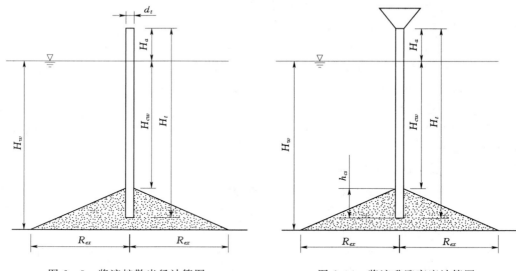

图6-3　浆液扩散半径计算图　　　　　图6-4　浆液升涨高度计算图

扩散半径及浆液面相交点高度（见图6-5）。其计算公式（6-5）、式（6-6）为：

$$R_{\text{有效}}=0.85R_{ex} \tag{6-5}$$

$$h_{\text{交点}}=0.393h_{cs} \tag{6-6}$$

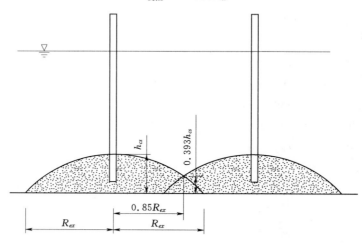

图6-5　有效扩散半径浆液升涨高度示意图

一般宜控制水泥砂浆的升涨高度在1.2～2m之间。

灌注管间距：自流灌注时，灌注管布置间距按下式计算：

$$L_t \leqslant \sqrt{2.89R_{ex}^2-\frac{B^2}{n^2}}$$

式中　L_t——灌注管的间距，cm；

R_{ex}——浆液扩散半径，cm；

B——仓面宽度，cm；

n——沿宽度方向布置灌浆管的排数。

灌注管起拔力：灌注管的起拔力按下式计算：

$$P_t = 6H_{th}^2 + 1.64d_tH_t + 150$$

式中　P_t——灌注管起拔力，kgf；

H_{th}——灌注管插入预填骨料中的深度，cm；

d_t——灌注管直径，cm；

H_t——灌注管长度，cm。

（2）施工程序。水下清基及安装沉井模板，并封闭接缝；填放骨料，再冲洗干净，分层填放在浇筑范围内，如设备条件具备，可加振捣；在填放骨料的同时埋好压浆管路，押送砂浆，一般采用柱塞式或隔膜式砂浆泵。

（3）注意事项。压浆系统要保证有一定的输送能力，移动次数最少，且输送管路最短；压浆前，机械设备应先作试运转；对管路进行压水检查，检查有无漏水；砂浆拌和时间不宜低于 3s；压浆开始时，先压送水泥较多的砂浆，以润滑管道；压浆时不能间断；灌浆压力由试验确定，一般先用 $2 \sim 3$ kgf/cm^2，砂浆升涨速度应保证每小时 $50 \sim 100$cm。

（4）原材料选择和配合比。配合比设计，应根据试验求得压浆混凝土强度与砂浆强度的关系（见表 6-5）；再按砂浆强度的要求，确定砂浆的配合比及水灰比。砂浆要有一定的流动度，当石子最小粒径大于 20mm 时，流动度宜为 $22 \sim 25$s。水下压浆混凝土材料配合比实例见表 6-6。

表 6-5　　　　　　　　压浆混凝土强度 R_{np} 与砂浆强度 R_k 的关系表

水灰比不大于 0.75	$R_{np} = 0.66R_k$
水灰比不小于 0.75	$R_{np} = 0.52R_k$

骨料：粗骨料应使用干净的卵石或碎石，配合比宜采用间断级配，最小粒径不应小于 2cm，一般孔隙率在 40％ 左右。

砂：使用细砂，大于 2.5mm 粒径的应予筛除。

混合材料：为了具有好的流动度和不易离析，常采用粉煤灰。

外加剂：砂浆中可掺用减水剂、引气剂、塑化剂和铝粉等。掺入量应由试验确定，能使浆液体积稍有膨胀，能提高混凝土抗渗能力，铝粉掺入量为水泥和混合材的万分之 $0.4 \sim 1$。

6.3.5.4　开底容器法

开底容器法与采用吊罐浇筑普通混凝土类似，施工简单，适用于对强度和抗渗要求不高的封底等临时结构。其方法是在浇筑部位的采用开底容器将混凝土沉入离底部约 50cm 的高度，然后打开容器将混凝土灌入，直至浇出水面。由于混凝土下料容易与水搅和，故优先选用水下不分离混凝土。开底容器宜采用大容器。罐底形状宜采用锥形、方形或圆柱形；浇筑时，开底容器应轻放缓提，当底门打开时，应保证混凝土在水中自由落差不大于 500mm。

6.3.5.5　倾倒推进法

倾倒推进法亦称水平推进法，适用于水深不超过 1.5m 的浅水中填筑次要的混凝土结

表6-6

水下压浆混凝土材料配合比实例表

序号	压浆混凝土设计强度/(kgf/cm²)	砂的细度模数	拌和水	预填骨料 种类	预填骨料 粒径/mm	预填骨料 空隙率/%	水泥砂浆流动度/s	水泥砂浆配合比 水灰比	水泥砂浆配合比 混合材掺量/%	水泥砂浆配合比 灰砂比	浆液材料用量 水/(kg/m³)	浆液材料用量 水泥+混合材料/(kg/m³)	浆液材料用量 砂/(kg/m³)
1	$R_{28}240$	1.77	淡水	卵石	15~50	41	18~20	0.5	29	1:1.3	393	785	1021
2	$R_{28}240$	1.64	淡水	卵石	15~50	37	21.1	0.5	29	1:1.3	366	732	952
3	$R_{28}200$	1.62	淡水	卵石	15~40	43	18~22	0.51	29	1:1.3	369	724	941
4	$R_{28}210$	1.43	淡水	卵石	20~60	40	18~22	0.52	29	1:1.3	377	725	943
5	$R_{28}180$	1.65	淡水	卵石	最小20	40	19±3	0.60	17	1:0.8	535	892	714
6	$R_{28}105$	1.17	淡水	卵石	40~100	38~48	19±3	0.44~0.48	29	1:1.2	352	801	961
7	$R_{28}250$	粉细砂	淡水	卵石	15~50	44		0.65	33	1:1.5	343	715	1073
8		1.67	海水	卵石	15~75	40	20	0.53	29	1:1.5	455	700	1050
9	$R_{28}210$	2.0	海水	卵石	10~45	43	17	0.48		1:1.5	414	782	1173
10	$R_{28}200$	1.71	海水	卵石	10~60	38	20	0.53		1:1.3	352	733	953
11	$R_{28}150$	1.42	海水	卵石	25~150	42	17.4	0.58		1:1.5	414	782	1173
12		1.74	海水	卵石	30~150	40	18~22	0.50	29	1:1.7	365	630	1071
13		1.18	海水	卵石	30~150	40	15~29	0.55	29	1:1.0	378	756	756
14		1.54	海水	卵石	15~45	45	20.8	0.58	29	1:1.0	437	795	795
15	$R_{28}240$	1.49	淡水	碎石	30~50	42	18~22	0.53	38	1:1.6	375	647	1035
16	$R_{28}180$	2.17	淡水	碎石	80~300	40	20~25	0.48		1:0.9	363	684	889
17	$R_{28}150$	1.36	淡水	碎石			22	0.52		1:1.3	398	830	747
18	$R_{28}200$	1.36	淡水	碎石			17±2	0.54		1:1.2	430	827	1075
19			淡水	碎石			17±2	0.50		1:0.9	424	785	942
20	$R_{28}140~170$	1.8~2.0	海水	碎石	15~100	40~45	20~22	0.55		1:1.1	449	897	807
21		1.45	海水	碎石	30~150	45	20.8	0.51		1:1.2	393	770	924
22	$R_{28}110$	1.08	海水	碎石	25~50	50	15~19	0.50		1:1.1	398	795	875
23		1.45	海水	碎石	15~150	42	17~18	0.48	23	1:1.2	372	774	929
24	$R_{28}150$	1.91	海水	卵石、碎石		45	17	0.43	20	1:1.0	347	806	806
25		中细砂	海水					0.51		1:1.3	397	778	1013

构。如水深小于 50cm 时，也可采用混凝土搅拌车、溜槽、溜筒等直接倾倒灌注法（及用混凝土赶水的浇筑方式）一次性将混凝土浇筑出水面。采用这种方法混凝土坍落度可以控制在 7～10cm，第一批出水面以前的混凝土应适当加大水泥用量，第一罐下料时要有 2m³以上混凝土，一次性下完。混凝土浇筑出水面后在其堆顶继续浇筑。同时，用振捣器在料堆干处振捣，待混凝土面快与水面齐平时在其上继续下料振捣，使后浇的混凝土把先浇的混凝土推开，将水推移赶走，始终保证只有外围的混凝土与水接触，整体混凝土不掺合到外水，保证整体混凝土水灰比不发生改变，不断挤向另一端，直到浇筑块浇筑完毕。由于推进法混凝土下料接触面容易与水搅和，故优先选用水下不分离混凝土。

6.3.5.6 袋装堆筑法

袋装堆筑法用麻袋或土工模袋装入拌好的混凝土，缝好袋口，依次沉放砌筑。在堆筑时，麻袋要交错放置，相互压紧。装混凝土的袋子应选用坚韧的纤维织品，如麻布、土工布等。装入袋中的混凝土不宜太满，一般在 1/2 左右，以保证堆筑时达到最大的密实性。混凝土的坍落度采用 5～7cm 为宜。此方法适用于工程量小、水浅、流速不大等标准较低的临时混凝土结构。

6.3.5.7 水溶性薄膜袋装法

水溶性薄膜袋装法是将混凝土装入具有一定强度的水溶性薄膜袋中，投入水中后，由于薄膜袋柔软可自由变形，层层挤压，使袋与袋之间紧密接触，混凝土隔水凝固硬化，薄膜袋溶解。日本某工程用聚乙烯醇薄膜，膜厚 0.045mm，薄膜强度 49MPa，装入水灰比为 0.55 的混凝土（28d 抗压强度 210kgf/cm²），在 10℃淡水中施工，混凝土 4h 硬化，薄膜 4.5h 溶化。施工完毕取样测得 28d 混凝土强度为 200kgf/cm²。在另一工程中，用聚乙烯薄膜，膜厚 0.05mm，薄膜强度 60MPa，装入水灰比为 0.53，28d 强度为 275kgf/cm²的混凝土，并在袋中装有长 15cm 铁钉，以利于袋与袋之间结合。在 10℃淡水中施工，5h薄膜完全溶化。取样测得 28d 混凝土强度为 260kgf/cm²。混凝土之间抗拉强度为41kgf/cm²。

6.4 工程实例

6.4.1 三峡水利枢纽工程右岸重件码头水下不离析混凝土施工

（1）概况：三峡水利枢纽工程右岸重件码头主要用于右岸水电站和地下水电站发电机组和变压器的滚装运输。该码头型式为缆车斜坡道码头，斜坡全长 138m，道路路基宽 44～18m，纵坡 1∶10；其中高程 66.00m 以上为 28cm 厚 C30 混凝土路面。高程 66.00m 以下水平投影长 38m 为 120cm 厚 C30 混凝土位于水下，共计混凝土工程量 1915.2m³。由于水深浅不一，浇筑面大，故采用了水下不离析混凝土浇筑。其施工时既要考虑水下浇筑混凝土材料的水中抗分散性能，良好的流动性和填充性，又要考虑施工完毕后保持水下施工坡面的 10%坡度。

（2）水下不离析混凝土配合比。配置水下不离析混凝土配合比时，除考虑混凝土的配置强度要满足相关规范比设计标准值提高 40%～50%的要求外，还要考虑施工水下混凝土的实际强度受施工时的水温、水深、流速的影响，且施工后不易修补等特点。三峡水利枢纽工程水泥采用的是 42.5 级的普通硅酸盐水泥，细骨料采用的是斑状花岗岩加工的人工砂，细度模数为 2.7，属 Ⅱ 区中砂，石粉含量 12.4%，粗骨料采用花岗岩人工碎石，采用二级配，最大粒径 40mm。配合比试拌时，通过对拌和物流动性、制作水中浑浊度、同水灰比、同坍落度及同样水用量的情况下对 UWB-Ⅱ 和 HK-NDC 两种抗分散剂进行了必选，优选出 UWB-Ⅱ 作为抗分散剂，其混凝土施工配合比见表 6-7。

表 6-7　三峡水利枢纽工程右岸重件码头水下不离析混凝土施工配合比表

使用部位	设计强度等级	坍落度/mm	水胶比	砂率/%	UWB-Ⅱ掺量/%	混凝土材料用量/(kg/m²)					
						水	P·O42.5级水泥	砂	小石	中石	UWB-Ⅱ
水下	C30	200~240	0.4	40	2.5	2.4	510	640	576	384	12.75

（3）水下不分散混凝土施工。根据设计要求和工程特点，重件码头水下混凝土在抛石基床夯实、碎石铺填整平及水下轨道梁吊装就位后，采用泵送混凝土的方式进行水下混凝土施工，其施工工艺流程为：施工准备→测量定位→水下清基→预制模板安装调整→泵管架设就位→混凝土拌制运输→混凝土浇筑成型。

水下混凝土浇筑部位的基础处理，根据实际地质情况与设计是否相符，进行水下开挖、抛石、细石整平，施工完毕经验收符合要求后，在进行水下立模。

水下混凝土的分缝分块根据结构要求，分为宽度 3.5~5m 共九个条状区域分仓施工、逐条浇筑，各条形区域之间采用倒 T 形预制梁或安装好的井字形轨道梁为模板，外围采用 L 形模板，各条形区域在纵向中间用预制模板分隔为两个浇筑块（见图 6-6、图 6-7）。

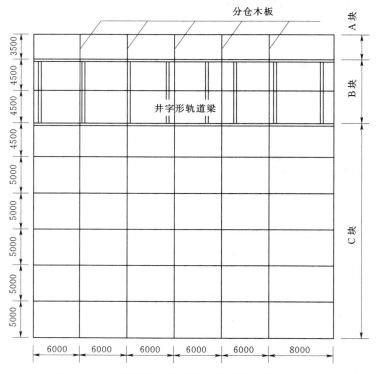

图 6-6　水下混凝土分缝分仓示意图（单位：mm）

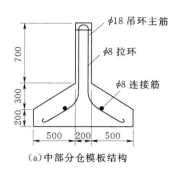
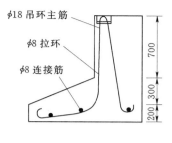

（a）中部分仓模板结构　　　　　　　　（b）外围分仓模板结构

图 6-7　分仓模板结构图（单位：mm）

　　水下立模施工由潜水员在起重船（浮吊）的配合下按序进行，对就位后需要微调的部位用安装在船上的扒杆进行调整，并用预制模板侧面上下的膨胀螺栓固定钢板将相邻两模板连接成一个整体。模板间缝隙用黏土水泥浆或袋装混凝土填充，模板与基底接触面吻合，确保接缝处不漏浆。模板立好后检查其顶部高度、平整度，再次进行精调，确保其与设计混凝土层面高度一致，以达到设计坡度。为防止形成的混凝土坡面发生变形，浇筑时面板压模，采用散装组合钢模板拼装焊接制作，用吊车吊至已浇筑的条形区域临水面处的预制混凝土模板上，利用自重及潜水员配合滑至需要浇筑的仓位，并与袋装石子压在钢模板上。

　　混凝土采用泵送入仓，泵送距离 30～70m，泵管采用直径 150mm 钢管，由潜水员顺斜坡面直接铺设至浇筑仓面，泵管前端接一根 2m 长的软管以便于左右移动，混凝土浇筑时采取由低处往高处进行，泵管直接插入距底部 0.4m 左右，利用泵送压力和混凝土自重将混凝土向四周扩散。浇筑到设计高度后将输送管左右慢慢移动，输送管出口为活门式，移动时管口不脱空混凝土面，为慎重起见也可在移动前用麻袋将管口提前包扎，以防止水向泵管内反窜。

　　三峡水利枢纽工程混凝土机口取样检测坍落度结果为 185～220mm、坍落扩展度在 390～422mm 之间，混凝土和易性良好，外观比较黏稠，易于泵送施工，整个施工过程顺利。为反映水下混凝土现场施工质量，除在拌和楼机口出料处抽样制作试件外，施工时专门制作了 50cm×50cm×45cm 的试模，吊放在现场浇筑区模板的外侧，水下混凝土浇筑过程中将软管的出口移到试模的上缘，浇筑满混凝土，至预定龄期后将浇筑的模拟块吊出水面，钻孔取芯进行抗压强度检测，28d 抗压强度为 38.1MPa，水陆强度比为 82%，钻取的芯样混凝土密实，表面光滑，骨料分布均匀。

6.4.2　乌江渡水电站上游围堰工程水下混凝土施工

　　（1）概况：乌江渡水电站上游围堰为重力式混凝土拱形围堰，最大高度 40m，拱厚 8m，拱轴线长 54m，拱半径 50m，堰顶溢流设计单宽流量为 100m³/s。围堰工程量：水下清基 693m³，块石填筑 1500m³，水下混凝土 7840m³。

　　拱围堰处河面宽 35～40m。枯水期最大水深 8～14m，最大流速 2～3m/s，拱围堰平面布置见图 6-8。

　　（2）水下混凝土施工：施工次序是左右边墩、中墩、导流闸孔、深槽段，上游拱围堰

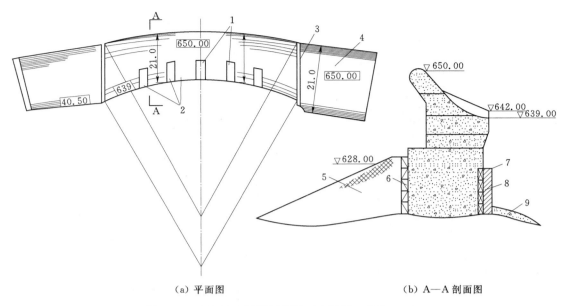

（a）平面图　　　　　　　　　　　　　（b）A—A剖面图

图 6-8　乌江渡上游拱围堰平面布置图（单位：m）

1—高程 642.00m 鼻坎；2—高程 639.00m 低鼻坎；3—左边墩；4—公路桥；5—砂黏土铺盖；
6—1 号钢围檩；7—加固拱；8—2 号钢围檩；9—覆盖层

水下施工平面布置见图 6-9。

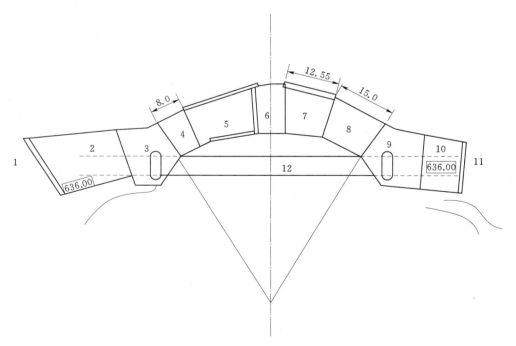

图 6-9　上游拱围堰水下施工平面布置图（单位：m）

1—右导墙；2—右溢流坝；3—右重力墩；4—右边墩；5—深槽段；6—中墩；7—导流闸孔；
8—左边墩；9—左重力墩；10—左溢流坝；11—左导水墙；12—公路铁桥

1）中墩施工。因最大水深达 13m，流速 1.2～1.5m/s，潜水员在水下立模困难，因此，在墩子的左右两侧采用了大型钢围檩。钢围檩整体下沉定位后再插入钢模板；上、下游面模板采用水上拼装成整体下沉，水下混凝土浇筑用导管法，供料用手推胶轮车。

基坑抽水后，检查了水下混凝土质量，用导管法浇筑的混凝土质量合格，在堰身 8 个检查钻孔内钻取混凝土芯样试验，60d 龄期平均抗压强度为 178kg/cm²，达到设计提出 R_{28}150 的要求。

2）深槽段施工。深槽段上、下游采用大型钢框架围檩立模，预填块石压浆法施工。上游钢围檩宽 1.5m、高 15m、长 16.5m、重 30t，支撑在中墩预留槽内，迎水面设置预留钢筋混凝土模板。下游钢围檩宽 3m、高 12m、长 7.5m、重 20t，支撑由 24 根直径 30mm、长 7.5m 拉筋与上游钢围檩连成整体，迎水面设有厚 6cm 模板阻水。当上下游钢栅定位后，即进行深槽内抛填块石改流，稳定钢栅，插装模板及补浇围檩腔内水下混凝土。最后进行深槽堰身块石体压浆施工。压浆时，由于上、下游水头差较大，上游钢围檩内渗水严重，前后共进行 6 次压浆，最后一次在上游作了大量的黄土铺盖，使漏水量减少到 3～4L/s，才使压浆成功。深槽段压浆共用水泥 1540t（实际有效压浆只需水泥 470t），第 8 次压浆耗用水泥 194t。灌浆压力采用 2～3kgf/cm²，砂浆上升速度每小时保持 0.5m 左右，浆管每次提升 0.5m。压浆机械采用两台 100/15C－232 型砂浆泵，皮管送砂浆至注浆管，注浆管直径 64mm，共布置了 9 根。

3）导流闸孔段施工。施工水深 12m，流速 4.5m/s，底坎采用人字梁密闭模板，上部闸孔采用托架式叠梁闸门截流，叠梁间设有方木、帆布包棉絮、沥青槽、橡皮止水，浇筑用导管法。

6.4.3　新安江水电厂大桥中墩加固工程

新安江水电厂大桥建于 1990 年 10 月，竣工验收时通过钻孔取样、潜水及水下录像检查发现大桥中墩混凝土与基岩的接触比较薄弱，墩底部还有一条长约 30cm、宽 5cm 的冲沟。为提高中墩结构的可靠度与耐久性，决定沿中墩基础周围浇筑一道高 1m、宽 0.8m 的加固圈，加固圈外围先筑水下麻袋混凝土围堰，然后用水下导管法施工。由于高度仅 1m，导管埋深太浅，而且当时现场只有两根导管，在施工过程中需移动导管 2～3 次，不可能做到整个加固圈混凝土浇筑面平行上升，水下混凝土之间接缝较多，在此情况下如采用普通水下混凝土难以保证质量，故决定采用 NNDC－2 混凝土作为浇筑材料。以确保加固圈混凝土与基岩，水下混凝土施工结合面间的黏结及其他性能。

混凝土采用江山水泥厂的 525 号普通硅酸盐水泥，水泥用量 479kg/m³，用水量 240kg/m³，NNDC－2 粉剂用量为水泥用量的 5.8%。施工过程 NDC 在混凝土拌和楼搅拌（每罐 1.25m³），用汽车运输（1000m）。现场测试出机口坍落度为 22.8cm，运到现场为 22cm，坍落度基本没有损失。运到现场后卸至吊罐转到导管储料斗用导管浇筑，整个过程 NDC 混凝土没有出现离析、泌水现象，易于施工。水下观测表明浇筑的水下不分散混凝土具有很好的水下自流平能力，且水泥浆散失很少，具有橡胶状韧性，即使稍有扰动也不会分离，其现场取样结果见表 6－8。

表 6-8　　　　　　　新安江水电厂桥中墩加固水下 NDC 混凝土现场取样结果表

取样类型	抗压强度/MPa		劈裂抗拉强度/MPa	新老混凝土黏结强度/MPa	水下混凝土取芯容重/(t/m³)	钢筋握裹强度/MPa
	7d	28d				
机口取样	29.0	36.6	3.32			
	28.4	42.0	3.32			
水下试验槽取样	22.7	33.9		1.6	2.3	3.3

6.4.4　马迹塘水电厂浅孔护坦补强工程

马迹塘水电厂建成于 1983 年，1984～1985 年水下检查发现消力池与护坦冲刷掏空现象已严重威胁主体工程的稳定。由于护坦下游水深 4.5m，不便围堰排干施工，故采用导管法浇灌水下混凝土。为提高水下浇筑混凝土的强度和抗冲磨性，电厂决定采用 NNDC-2 水下抗分散混凝土开展现场试验。

试验性施工选择在 17～18 号浅孔闸下游护坦与基岩交界处的冲坑，冲坑深度约 2m 左右。在施工中曾采用普通水下混凝土、掺减水剂普通水下混凝土、掺抗分散剂 NNDC-1 和 NNDC-2 水下混凝土四种材料进行比较，施工采用湘乡 525 号普通硅酸盐水泥，水泥用量 450kg/m³，用水量 234kg/m³，NNDC 用量粉剂为水泥重量的 5.8%。施工主要机具有 0.8m³ 的自落式搅拌机 1 台，地勘吊机 1 台，0.1m³ 手推斗车 10 辆，导管 1 根和浅水船。施工流程是：通过下料管从闸桥下将水泥、砂石料下至搅拌机储料斗；在导水墙上搅拌机平台加入水和外掺剂搅拌，拌好后用手推车送至工作面导管，首罐混凝土采用软塞排水，施工过程中由葫芦吊提升导管。为检测各配比混凝土水下施工质量，用地勘钻机在有关补强区钻取了 13 个混凝土芯样，从取得的芯样看到两种普通混凝土在表层 1m 范围内无法取得芯样（强度太低），1m 以下混凝土强度可以达到 28.2MPa 和 38.5MPa。两种水下抗分散混凝土从表层 0.2m 以下混凝土强度分别达到了 30.7MPa 和 40.2MPa。在现场试验的基础上 1994 年进行了大规模施工修补。在 1500m³ 混凝土中掺用了 NNDC-2，施工使用 10～15m 长的导管。实践表明，混凝土自流平范围为 3m，表面高差仅 20cm，取样表明水下芯样强度平均达 32MPa。

6.4.5　其他工程

国内曾使用水下混凝土修建围堰和水下修复的工程，其施工实例见表 6-9。

表 6-9　　　　　　　　　　　　　　水下混凝土施工实例表

工程	乌江渡水电站下游溢流式木笼混合围堰	西津水电站修复溢流段水下护坦	双牌水电站混凝土围堰	新安江水电站木笼阻水混凝土
水深/m	10	8～11	9	6
流速/(m/s)	2～3	静水	静水	0.5
工程量/m³	1700		4763	3320
施工方法	在流水中直接立模，在静水中灌注混凝土	在坝体下游静水区施工	在坝体下游建造	

7 模袋混凝土

模袋混凝土是通过用高压泵把混凝土或水泥砂浆灌入模袋中，混凝土或水泥砂浆的厚度通过袋内吊筋袋、吊筋绳（聚合物如尼龙等）的长度来控制，混凝土或水泥砂浆固结后形成具有一定强度的板状结构或其他状结构，能满足工程的需要。与构筑围堰、排水等其他水下施工方法相比，模袋混凝土只需在水中依据工程需要将模袋固定，再将混凝土用高压泵注入模袋中，施工过程更加简单。由于模袋混凝土施工速度快、施工面积大、整体性强，缩短了施工周期，减少了施工费用，在技术和经济上表现出很大的优越性。

模袋混凝土施工具有下列优点。

（1）模袋混凝土能适应各种复杂环境，特别是深水护岸、护底等不需填筑围堰，可直接水下施工。

（2）由于浇筑出来的模袋混凝土结构断面均匀、混凝土衬砌自承能力强，可铺在1∶1的陡坡上，能增加坡面的抗滑稳定性，可以形成大面积的护坡，整体性强、稳定性好，使用寿命长。

（3）模袋混凝土施工采用一次压灌成型，机械化程度高，施工简便快速。

（4）土工模袋具有一定的透水性，在混凝土或水泥砂浆灌入以后，多余的水分通过织物空隙渗出，可以迅速降低水灰比，加快混凝土凝固速度，增加混凝土的抗压强度。

7.1　施工条件

模袋混凝土作为一种新型建筑材料形成的工艺，可广泛应用于江、河、湖、堤坝护坡、护岸、港湾、码头等防护工程，由于模袋有很好的柔软性及隔水性，可以在水下成型，且对风浪及潮汐有很好的抵御作用，可在水下直接灌注，在水中充灌时允许水流速度一般小于1.5m/s。用于护坡时最大坡比为1∶1，较佳的坡度为1∶1.5。

7.2　配合比设计

模袋混凝土护坡一般采用泵送方法施工，要求所用混凝土或水泥砂浆除具有可泵性外，还要具有适宜的流动性，使之在模袋内能顺利流淌扩散，充满整个模袋，不发生分离。因此，对其材料的配合比和外加剂的应用比一般泵送混凝土要求更高。模袋混凝土粗骨料的最大粒径主要取决于模袋充灌后的拉筋带长度。一般模袋起圈厚度12~30cm，骨料最大粒径在1~1.5cm；起圈厚度30~70cm，骨料最大粒径小于2.5cm。粗骨料应优先选用卵石，当选用碎石时，应严格控制颗粒形状及针片状含量。砂子宜选用中细河砂。水泥多为普通硅酸盐水泥标号425号。掺料为粉煤灰，掺量最高可达30%。混凝土中宜加入缓凝型减水剂。配合比根据混凝土标号、原材料特性及混凝土和易性等要求，通过试验决定。

7.3　模袋设计及制作

　　土工模袋是利用一种双层聚合化纤合成材料制作而成的袋状产品（一般是多个连续在一起）。模袋上、下两层之间沿纵横2个方向每隔一段距离（多为20～25cm），有一定长度（多为7～10cm）的尼龙绳，把上、下两层织物连接在一起形成一个整体。模袋混凝土是通过高压泵把混凝土或水泥砂浆灌入土工模袋中，控制灌注成形的厚度，混凝土或水泥砂浆凝固后形成具有一定强度的板状结构或其他状的结构以满足工程需要。在模袋混凝土施工过程中，首先需要做的就是坡面的找平工作，整坡后，坡基坡比允许偏差±5%；坡顶和坡底高程应符合设计要求，允许偏差±5cm。水上整坡时，应自上而下铲坡。填土区整坡时，应分层压实，其密实度应达设计要求，并做好新老土坡结合，严禁贴坡回填。坡面平整度不大于10cm。水下整坡时，严禁超挖，如遇坡面杂物及易损伤模袋布的硬物和淤泥，必须清除。如需填方时，应抛石或用编织袋装小石子，垒成设计坡面。坡面平整度不大于15cm，必要时应由潜水员操作施工。模袋宜采用锦纶、维纶或丙纶制作，其技术性能指标应符合《土工合成材料　长丝机织土工布》（GB/T 17640—2008）的要求；模袋布不允许有重缺陷，如破损、断砂等，对个别轻缺陷点应用黏合胶修补好；模袋上、下层的扣带间距应经现场试验确定，一般采用20cm×20cm为宜；模袋上、下二层边框缝制应采用四层叠制法，缝制宽度不应小于5cm，针脚间距不大于0.8cm。模袋布的表面缺陷、模袋的规格尺寸和缝制质量宜在工厂进行检查验收；模袋进场后应逐批检查出厂合格证和试验报告；模袋布的主要技术性能指标，应按设计要求进行抽查复验，每批抽检1块。

　　模袋基本型式根据填充材料不同可分为砂浆型和混凝型，根据模袋护坡作用和结构不同，砂浆型模袋可分为反滤排水点—EP型、无反滤排水点—NF型、铰链块型—RB型和框格型—NB型、混凝土模袋通常为无排水点—CX型。它根据使用部位和功能不同分为矩形模袋、铰链模袋、起圈模袋、植草模袋、复合型模袋等。其中矩形模袋适用广泛、主要用于水库、引水渠、河道、蓄水池等护岸、护坡、护底等工程。铰链模袋混凝土可在保护体淘刷或基础下沉后能自由向下沉降位移，适用于河床和坡脚、河流转拐弯处，用于防淘刷保护。土工布及模袋技术参数见表7-1，模袋混凝土参考型号见表7-2。

表7-1　　　　　　　　　　土工布及模袋技术参数表

项　目	允许偏差	模 袋 布		
		DY120-200	DY250-500	DY550
单位面积质量（单）/(g/m²)	-3%	240	280	380
拉伸强度（纵）/(N/5cm)	≥	2500	3000	3800
伸长率（纵）/%	≤	30	30	30
拉伸强度（横）/(N/5cm)	≥	2300	2800	3100

项　目	允许偏差	模袋布		
		DY120-200	DY250-500	DY550
伸长率（横）/%	≤	28	28	28
CBR 顶破强度/N	≥	4000	5000	6000
垂直渗透系数/(cm/s)	≥	$1.3×10^{-2}$	$1.5×10^{-2}$	$1.8×10^{-2}$
等效孔径 O_{95}/mm	≤	0.18	0.22	0.25

注　机织模袋布质量为单层未缝制前质量、机织模袋布抗拉强度为不含筋时指标。

表 7-2　　　　　　　　　　　模袋混凝土参考型号表

型　号	材　质	质量/(g/m²)	冲灌材料	成型厚度 （平均值）/mm
TYC 矩形	锦纶、锦丙、全丙纶	>500	混凝土	120~700
TYC 铰链形	锦纶、锦丙、全丙纶	>650	混凝土	250~400
TYC 梅花形	锦纶、锦丙、全丙纶	>550	砂浆	80~200
幅宽	宽 8~20m，缝制单元幅宽大于 2m 或大于 4m			

织造土工织物强度 T 视护坡平均厚度及一次充填高度大小而定。厚度及一次充填高度越大，模袋所承受的压力越大，要求织造土工织物的抗拉强度越高，可以利用式（7-1）估算：

$$T=\beta\gamma_c h_1 h_2$$

$$(7-1)$$

式中　β——混凝土或砂浆的侧压力系数，$\beta=0.8$；

　　　γ_c——混凝土或砂浆的容重，kN/m^3；

　　　h_1——护坡的最大厚度，m，取平均厚度的 1.5 倍；

　　　h_2——1h 内护坡充填高度，m，h_2 应控制在 4~5m 之间。

7.4　模袋混凝土施工

7.4.1　基础处理

模袋铺设前应按设计要求对基础进行挖填整平，保证基础平顺，无明显凹凸、尖角等，无杂物，填方部位要夯（压）实。水下基础找平层要大体平顺，保证不平整度小于 15cm，必要时可利用潜水员辅助水下处理、检查。

7.4.2　模袋铺设

模袋铺设前，要按施工编号进行详细检查，看有无孔洞、缺经、缺纬、蛛网、跳花等缺陷，检查完后，模袋铺平、卷紧、扎牢，按编号顺序运至铺设现场。打开袋包，按编号顺序铺在坡面上，检查搭接布、充灌袖口和穿管布等是否缝制有误，是否破坏。如果正常，则进行相邻模袋布的缝接，穿钢管于模袋穿管孔中，如果发现异常则要尽快解决。

铺设模袋时必须预留横向（顺水流方向）收缩量，一般地讲，起圈厚度在 15~25cm之间，横向收缩量控制在 20cm 左右。

对于护坡模袋，为了防止模袋顺坡下滑，在坡顶模袋上缘封顶混凝土沟槽以外适当设置垫位桩。定位桩的间距视坡长、坡度、模袋厚度等条件而定。通常是在模袋布的小单元分界面打设一个定位桩，用尼龙绳在一端将穿入模袋穿管孔中的钢管系牢；另一端通过拉紧装置与定位桩相连。每根桩上配拉紧绞杠，用以调整模袋上、下位置并固定模袋。

风浪较大的施工现场，可用砂袋分散压住铺好的模袋，防止风浪使模袋变位。

7.4.3 混凝土充灌

混凝土用常规搅拌机生产，模袋混凝土的充灌宜用泵送方法，混凝土拌和物的坍落度不宜小于200mm；为了保证混凝土进入模袋时的坍落度值，在高温季节施工时，当管道长时（不宜超过50m），应预先以水润湿管道，对模袋同样应预先润湿。充灌模袋的速度不宜过快，压力不宜过大，一般利用低流量灌注。速度宜控制在 $10\sim15m^3/h$，管道口压力控制在 $0.2\sim0.3MPa$。

模袋布自下而上从两侧向中间进行充灌，充灌饱满后，暂停10min，待模袋填料中水分、空气析出后，再稍充些填料，这样就能充填饱满，而且使充灌后的混凝土强度大于同标号的常规方法浇筑的混凝土。

在灌注混凝土的过程中，一个小单元模袋应尽量1次连续充灌完成；充灌地点设专人指挥，与混凝土的操作者时刻保持密切联系。充灌地点配备适当数量的人员观察灌注情况，对灌注困难的部位可采取踩踏的方法使其充满，水下施工需潜水员配合充灌口的连接及浇灌过程中的水下辅助作业。

充满结束后应及时作好封口处理；用绳将充灌袖口系紧，防止混凝土外溢，待混凝土稍微凝固，用人工将袖口混凝土掏出，将袖口布塞入布袋内，用水将模袋表面冲洗干净。对施工中难以避免的脚印尽量消除，然后进行保护，防止人畜踩踏或其他物品撞、压。模袋混凝土在充灌过程中出现的不饱满情况可用注入浓浆法进行修补。

7.4.4 清理现场及养护

一个施工单元完成后，把混凝土输送管道等施工器具转移到下个单元，把本单元现场清理干净。模袋混凝土终凝后，用草袋覆盖洒水养护，养护时间按设计要求确定。

7.5 工程实例

7.5.1 泥河水库工程护坡模袋混凝土施工

7.5.1.1 概况

泥河水库位于黑龙江省兰西、呼兰、绥化三县（市、区）交界处，呼兰河支流泥河的下游，控制流域面积 $1515km^2$。该水库是一座以防洪、除涝为主，兼灌溉、养鱼、综合利用的大型平原水库。水库的特点是水深比较浅，水面宽阔，水库的四周就是农田和村屯，受风浪冲刷，每年都有部分农田被冲毁，造成水库水面越来越大，水深越来越浅。多年来，泥河水库管理处为防止冲刷采取了多种护砌措施，其中包括干砌石护坡、混凝土预制板护坡及模袋混凝土护坡。近几年改用模袋混凝土的施工，泥河水库模袋护坡坡度为1：2.5。模袋混凝土护坡与传统的砌体工程比较，具有施工迅速，受水位的影响小等优点，有效节省了时间，缩短了工期，降低了工程费用。

7.5.1.2 模袋混凝土的配合比设计

泥河水库混凝土配合比为水泥：砂：碎石＝1：2：2，水灰比为0.6～0.65，坍落度为23±2cm。材料采用普通硅酸盐水泥，中砂和粒径1～3cm的碎石。

7.5.1.3 模袋混凝土护坡的施工

（1）施工准备。由于模袋混凝土护坡施工速度快，所以要备足所需材料和设备，平整坡面、现场就位、放线定位、开挖顶脚基槽、周脚。泵送施工主要设备是混凝土（砂浆）搅拌机和混凝土（砂浆）泵等，混凝土搅拌和混凝土泵安装到位，并进行调试。

（2）模袋铺设。模袋铺设前，要按施工编号进行详细检查，看有无孔洞、缺经、缺纬、蛛网、跳花等缺陷，检查完后，模袋铺平、卷紧、扎牢，按编号顺序运至铺设现场。打开袋包，按编号顺序铺在坡面上，检查搭接布、充灌袖口和穿管布等是否缝制有误，是否破坏。如果正常，则进行相邻模袋布的缝接，穿钢管于模袋穿管孔中。如果发现异常则要尽快解决。铺设模袋时必须预留横向（顺水流方向）收缩量，在通常情况下，起圈厚度在15～25cm之间，横向收缩量控制在20cm左右。为了防止模袋顺坡下滑，在坡顶模袋上缘封顶混凝土沟槽以外适当设置垫位桩。定位桩的间距视坡长、坡度、模袋厚度等条件而定。泥河水库护坡长7.5m，模袋厚度20cm，每隔2m打设一个定位桩，用尼龙绳在一端将穿入模袋穿管孔中的钢管系牢；另一端通过拉紧装置与定位桩相连。每根桩上配拉紧绞杠，用以调整模袋上、下位置并固定模袋。风浪较大的施工现场，可用砂袋分散压住铺好的模袋，防止风浪使模袋变位。

（3）混凝土的生产和充灌混凝土用常规搅拌机生产。混凝土充灌用混凝土输送泵，为保证混凝土施工的连续性，泥河水库施工时设置了3台搅拌机依次搅拌，用HBT—30型混凝土输送泵进行输送。为了保证混凝土进入模袋时的坍落度值，在高温季节施工时，当管道长时，应预先以水润湿管道，对模袋同样应预先润湿。充灌模袋的速度不宜过快，压力不宜过大。一般利用低流量灌注。速度宜控制在10～15m³/h之间，管道口压力控制在0.2～0.3MPa之间。模袋布自下而上从两侧向中间进行充灌，充灌饱满后，暂停10min，待模袋填料中水分、空气析出后，再稍充些填料，这样就能充填饱满，而且使充灌后的混凝土强度大于同标后的常规方法浇筑的混凝土。在灌注混凝土的过程中。一个小单元模袋应尽量一次连续充灌完成；充灌地点设专人指挥，与混凝土的操作者时刻保持密切联系。充灌地点配备适当数量的人员观察灌注情况，对灌注困难的部位可采取踩踏的方法使其充满。充满结束后，用绳将充灌袖口系紧，防止混凝土外溢，待混凝土稍微凝固，用人工将袖口混凝土掏出，将袖口布塞入布袋内，用水将模袋表面冲洗干净。对施工中难以避免的脚印尽量消除，然后进行保护，防止人畜踩踏或其他物品撞、压。用大块石填水下埋固沟，水下探查成果。

（4）模袋充灌过程中应该注意的几个问题：①为防止堵塞事故，应随时检查混凝土级配和坍落度；防止过粗骨料进入和堵塞管道；防止泵入空气，造成堵管或气爆；充灌应连续，停机时间一般不应超过20min；②泵与充灌操作人员之间应随时联系，紧密配合，充灌到位后及时停机，以防充灌过程产生鼓包或鼓破。出现鼓胀时，应及时停机，查找原闪并处理；③随时检查坡顶钢桩是否牢固，以防充灌过程中模袋下滑。灌完一片后，移动设备，按上述步骤进行下一片的充灌施工。应特别注意两片间的连接、靠紧；④施工过程中应做好记录、取样和成形，然后进行强度测定。

（5）清理现场及养护一个施工单元完成后，把混凝土输送管道等施工器具转移到下个单元，把本单元现场清理干净。模袋混凝土终凝后，用草袋覆盖洒水养护，养护时间按设计要求确定。

7.5.2　长江九江马湖堤河段深水模袋混凝土护岸施工

7.5.2.1　工程概况

长江九江马湖堤河段江岸为第四纪全新统冲积层，该地段受长江三号洲上下分流比变化影响，加上左岸人工矶头的挑流，造成对堤岸的冲刷形成崩塌。根据长江九江马湖堤河段江岸的水文地质情况，设计整体性好，抗冲刷能力较强的整体式模袋混凝土护岸。选用模袋深泓区水平段宽度 25m，岸坡坡比缓于 1：2。设计模袋混凝土厚度为：水下部分 20cm，水上部分 15cm。

长江九江马湖堤河段深水模袋混凝土护岸工程施工期其水深达 28m，流速达 1.0～1.2m/s，水流紊乱。模袋水下铺设、固定及混凝土充填相当困难，且模袋铺设过程中在水流作用下往下游会成弧形型偏移，混凝土在充填过程中，随着水深的增加水下导管容易堵塞，难以保证混凝土充填密实均匀，模袋块与块之间孔隙较大，会产生开"天窗"现象，难以达到护岸技术要求。

7.5.2.2　模袋材料及制作

长江九江马湖堤河段深水模袋混凝土护岸工程模袋选用的为高强度涤纶反滤布，其主要性能指标见表 7-3。模袋布根据设计长度和宽度在工厂缝制，考虑土工布的伸缩性，以及地形条件复杂因素，模袋布的纵横向伸缩率分别确定为 85%，充填后实际模袋布宽 4.0m，长度不等。

表 7-3　　　　　　　九江马湖堤河段模袋主要性能指标表

特性	性　能		单位	指标
物理	单层重量		g/m³	543
	单层厚度		mm	0.49
力学	抗拉强度	经	N/5cm	2557
		纬		2557
	伸长率	经	%	31.8
		纬		23.7
	顶破强度		N	6388
水力	有效孔径		mm	0.192
	渗透系数		cm/s	0.0032

7.5.2.3　混凝土材料

长江九江马湖堤河段深水模袋混凝土护岸工程采用九江市庐山水泥厂 425 号普通硅酸盐水泥细骨料：产于彭泽马当段的黄沙，经抽样检验含泥量 0.2%，细度模数为 2.4；粗骨料为产于湖北阳新的碎石。混凝土水灰比 0.6，配比为：水泥：黄沙：碎石＝1：2.2：

1.8，坍落度为 20cm，为增加泵送混凝土的和易性，加掺粉煤灰，掺量 10%。

7.5.2.4 工艺流程

模袋混凝土施工工艺流程见图 7-1。

7.5.2.5 施工方法

针对深水条件下模袋施工特点，经多次方案论证比较，马湖堤河段工程采用"滑道法"施工，施工方法为：在大型施工船前翼制作一座长 36m、宽 4.1m、高 2m 的钢结构桁架，上铺 3mm 钢板形成滑道，桁架滑道与船头采用铰支座可在 0°～55°之间自由上下转动，在船上用混凝土泵对模袋充填，用滑板移送至岸坡施工作业面，然后施工船逐步后退，直至模袋全部滑至工作面。"滑道法"施工见图 7-2。

施工时先在设计模袋顶部处用人工开挖一个底宽 0.75m、深 1.0m 埋固沟。同时，将坡面突出部位削坡，凹坑部位回填进行修整，以确保坡面平顺，满足模袋混凝土铺设要求。对水下整坡由潜水员配合工作船施工，如有突出的大块石采用工作船吊离。施工作业面准备好以后将施工船定位，施工时增抛 2 只领水锚，绞动领水锚，缓慢放松 2 根岸缆使船垂直水流方向移动，利用船上游的绞向锚控制船舶轴线。模袋铺设是先将模袋顶端固定在埋固沟中，然后将模袋布由埋固沟铺至水边。同时，将施工船按模袋铺设位置定位好施工滑道，将江中的模袋铺设在滑道上。模袋混凝土充填是先岸上，再水下，先由水边开始从低处往高处对模袋充填混凝土，一直填充到埋固沟，将陆上的一个条幅充填完毕然后由水边顺着滑道向江心方向填充，在混凝土初凝前，将滑板上充填好的模袋混凝土填充一段，铺设一段，下滑铺放到河床设计位置。

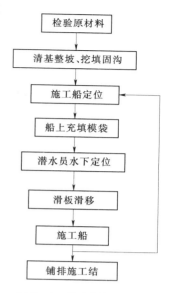

图 7-1 模袋混凝土施工
工艺流程图

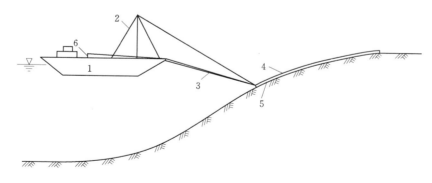

图 7-2 "滑道法"施工示意图

1—施工船；2—桁架；3—滑板；4—模袋；5—江岸；6—卷扬机

长江九江马湖堤河段深水模袋混凝土护岸工程混凝土配合比为一级配，考虑模袋混凝土在终凝前受水流、波浪冲刷的影响，强度有一定的损失，配合比强度在设计强度 C15 的基础上提高了一级，确保满足设计要求。混凝土拌和系统设置在浮吊船上，由 ZPL-

800 配料站 1 台和 TS-500 搅拌机 1 台组成临时拌和站，砂、石料由船运抵通过抓吊至配料斗内。

7.5.2.6　资源配置

长江九江马湖堤河段深水模袋混凝土护岸工程投入的主要生产、检测设备有：150t 起重船 1 艘，交通艇 2 艘，砂石料船 5 艘，抓斗船 1 艘，潜水装置 8 套，水下电视 1 台。所需主要劳动力为生产管理人员 8 人，起重工及船员 20 人，潜水员 18 人，潜医 2 人，普工 35 人。

7.5.2.7　质量控制

施工时模袋的搭接反滤布要缝制牢固，模袋布的铺设要紧贴岸坡，下一块施工模袋压置在上块模袋反滤布上。反滤布不得出现卷叠、凹凸不平和搭接分叉等现象。两块模袋搭接缝不大于 15cm。施工中采用 Opsiey 水下电视系统对水下模袋进行直观检查。同时，派有潜水员控制模袋的搭接和进行铅丝笼安放，通过船舶的测量定位控制等手段以保证模袋轴线不发生偏离。

8 干贫混凝土

干贫混凝土是在砂石骨料掺入少量水泥拌制而成的一种干硬性填筑材料，基本类似碾压混凝土，一般混凝土中水泥等胶凝材料掺量为 $100kg/m^3$ 以内，又称经济混凝土。其 V_c 值在 10s 以上或基本不"泛浆"。干贫混凝土具有土石施工的特性，填筑施工速度较快；又具有较高的强度和刚度，水稳性好、抗冲刷能力强，能缓和土基的不均匀变形，使地基承载力和变形满足设计要求，也可起到边坡固坡挡护的作用。

8.1 施工条件

干贫混凝土在水电工程中主要用于以下软基换填处理、破碎带基层处理，路面的半刚性基层，堆石坝的回填边坡固坡工程中。干贫混凝土一般对强度要求不高，且要求低弹性模量，施工时对拌和均匀性要求不高。

8.2 配合比设计

8.2.1 原材料

干贫混凝土主要的设计指标一般有变形模量、压实干密度等，对骨料要求与碾压混凝土相同，一般粗骨料最大粒径为 80mm，水泥凡符合国家标准的均可。

8.2.2 配合比

干贫混凝土一般采用连续级配。其砂率一般要求较低，小于 5mm 的含量不大于 30%，水泥掺量为 3% 左右。

8.3 拌和料生产

其拌制可以采用强制式或自落式拌和机拌和。拌和时间 30～40s。但由于干贫混凝土要求的生产强度一般比较高，连续作业时间长，故有的工程采用反铲和装载机拌制，其拌和物均匀性较拌和机拌制的差，但由于干贫性混凝土本身要求不高，采用这种方法拌制的也可满足施工和质量要求。

8.4 施工

干贫混凝土的运输一般采用自卸汽车运至施工地点，对高差太大、修筑运输道路困难的,可先采用溜槽或溜管运至作业面,再用其他措施转运摊铺。溜槽坡度控制在 1:0.75~1:1.2,如大于 1:0.75 的一般采用溜管较为合适。为了尽量减少卸料过程中的骨料分离,卸堆不宜高于1m。

8.4.1 摊铺

干贫混凝土摊铺厚度应根据振动碾能量大小通过试验选定,我国目前一般采取的铺料厚度为 30~60cm,主要采用推土机进行摊铺,较为狭窄的部位采用人工配合反铲进行摊铺。

8.4.2 碾压

干贫混凝土施工的振动碾应具有振动频率高、激振力大、行走速度可调、回转灵活等特性,可采用土石施工的单钢轮振动碾,也可采用碾压混凝土用的双钢轮碾。振动碾碾压线路要求不漏碾、合理、省时,通常采用"进退错距法"。碾压遍数一般是先静压两遍,再振动碾压 6 遍,最终以达到设计的干密度为准。边角部位采用液压平板夯或冲击夯进行夯实。其施工缝面可以不作处理连续在上面回填,待终凝后采用洒水养护,养护时间 7~14d。

8.5 工程实例

8.5.1 宜兴抽水蓄能电站干贫混凝土施工

8.5.1.1 概况

江苏宜兴抽水蓄能电站上水库进/出水口位于上水库左岸,洞口处岩体以弱风化岩屑石英砂岩夹泥质粉砂岩为主,受断层 F3、F4 的影响,F4 断层上盘的岩体呈破碎状,下盘也有宽 5~10m 的影响带,围岩为Ⅳ~Ⅴ类,进洞条件差。

经对上述地质情况的深入分析,库岸若按原设计的坡比 1:1.7 或 1:1.4 进行开挖,则进洞口恰位于断层 F4 上盘破碎带,进洞困难,也不易成洞,即使加强支护而勉强进洞,由于破碎带岩体的变形模量小,将其保留于库盆,会产生较大的差异沉降变形,成库后会造成库岸防渗面板拉裂。同时,还需对断层 F4 上盘的破碎岩体及下盘的影响带采取必要处理措施。对此,经专家论证后决定采用挖除断层 F4 上盘破碎岩体、利用下盘较完整的岩体进洞较安全的优化方案。

进洞优化方案的要点是在挖除断层 F4 上盘的破碎岩体后,采用干贫混凝土填筑以形成北库岸防渗面板的基础,其填筑典型断面见图 8-1。

设计要求干贫混凝土的集料采用最大粒径 80mm,小于 5mm 的含 25%~32%,掺入 3%左右的水泥拌制而成,其变形模量不小于 1000MPa,压实干密度不小于 2.2t/m³。干贫混凝土的施工工艺参数通过现场生产性试验确定,干贫混凝土集料颗粒级配参数见表 8-1。

8.5.1.2 干贫混凝土施工

干贫混凝土采用宁国 PC32.5R 级水泥,碎石为大汉界生产的人工碎石,其级配组成试验结果见表 8-2。

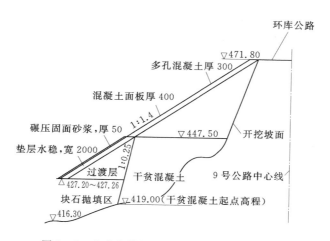

图 8-1　北库岸填筑典型断面图（单位：mm）

表 8-1　　　　　　　　　干贫混凝土集料颗粒级配参数表

包络线范围值/mm	颗粒含量/%											
	<0.075	<0.15	<0.3	<1.2	<5	<10	<20	<25	<40	<50	<65	<80
上包线	13	14	16	22	32	35	46	55	80	89	100	
平均	9	11	13	18.5	28.5	31.5	41	48.5	72.5	84	75	100
下包线	5	8	10	15	25	28	36	42	65	79	90	

表 8-2　　　　　　　　干贫混凝土用碎石颗粒级配组成试验结果表

颗粒/mm	80～40	40～20	20～5	<5	<0.075
含量/%	26.6	30.8	12.6	30	3.0

砂为砂岩人工砂，其颗粒级配组成试验结果见表 8-3。

表 8-3　　　　　　　　干贫混凝土用砂颗粒级配组成试验结果表

粒径/mm	5.00	2.50	0.63	0.32	0.16	<0.16
分计筛余/%	10.0	20.4	12.0	18.0	24.4	10.0

通过采用 2.5% 和 3.0% 水泥用量进行试验比较，用水量应控制在 69～75kg/m³ 之间，得到施工配合比见表 8-4。

表 8-4　　　　　　　　　　干贫混凝土施工配合比表

材料	水泥	水	人工砂	人工碎石		
				5～20	20～40	40～80
用量/(kg/m³)	57.5	69～75	652	274	669	578

干贫混凝土采用 3.0m³ 和 0.75m³ 强制式拌和机拌制，拌和时间 30～40s。由于干贫混凝土的生产强度比较高，连续作业时间较长，通过生产性试验，发现采用搅拌机

拌制干贫混凝土，不能满足施工强度要求，通过试验后，将干贫混凝土改用反铲和装载机拌制，拌和物均匀性较拌和机拌制的差，但通过颗分试验检测，其均匀性可以满足要求。

干贫混凝土具体方法是按施工配合比进行配料后，由反铲和装载机反复翻拌至拌和料均匀。采用自卸汽车进行水平运输。汽车不能到达的部位，通过溜槽将其运输到填筑作业面。溜槽坡度达到 1：1.5～1：1.8。采用溜槽入仓时，有轻微的骨料分离，处理方法是采用人工在溜槽末端料堆处将分离的粗骨料均匀铺撒在填筑作业面。

施工中干贫混凝土的主要摊铺采用推土机进行，较狭窄的部位采用人工配合反铲进行摊铺，松铺厚度 45cm。

干贫混凝土碾压采用 18t 振动碾进行，施工技术参数为静压 2 遍，振动碾压 6 遍，碾压层厚不超过 40cm。边角部位采用液压平板夯或冲击夯进行夯实，夯实质量能满足设计要求。

干贫混凝土经碾压达到设计要求的压实干密度后，采用人工洒水养护，养护时间 7～14d。

设计要求对压实的干贫混凝土进行干密度和变形模量检测。由于变形模量检测较为复杂，耗时较长，变形模量在生产性试验中采用平板荷载法共检测 4 组。施工过程中的质量控制主要进行施工参数控制，采用核子密度仪或灌砂法进行干密度检测。

8.5.2 变形模量检测

变形模量检测方法见图 8-2，采用平板载荷法：在一定面积的承压板上逐级加荷载，观测干贫混凝土所承受压力及相应变形。所有变形观测数据采用电脑自动采集，稳定标准采用沉降相对稳定法，变形模量检测结果见表 8-5。

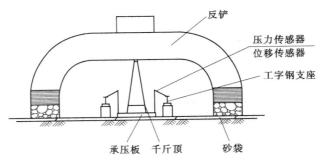

图 8-2　变形模量检测方法示意图

表 8-5　　　　　　　　　　　　　　**变形模量检测结果表**

试验编号	水泥用量 /kg	0.5MPa 时变形模量 /MPa	1.0MPa 时变形模量 /MPa
01-1	57.5	1060.7	1318.9
01-2		1166.8	1411.0
02-1	69.0	1378.9	1784.5
02-2		1253.6	1622.2

8.5.3 干密度检测

检测依据《土工试验规程》(SL 237—1999)的要求。北库岸共填筑干贫混凝土 2.8 万 m^3，主要采用核子密度仪进行干密度检测，条件不具备时采用灌砂法检测，共计检测 88 组干密度，检测结果统计情况为：最大值 2.28t/m^3；最小值 2.20t/m^3；平均值 2.22t/m^3。

8.5.4 洪家渡混凝土面板堆石坝填筑干贫混凝土施工

8.5.4.1 工程概况

洪家渡水电站大坝为钢筋混凝土面板堆石坝，大坝由特别垫层料（2B）、垫层料（2A）、过渡料（3A）、主堆石料（3B）、特别碾压区料（3BB）、次堆石（3C）及堆石排水区（3E）和下游坡面干砌块石护坡以及上游黏土铺盖和保护石渣组成，填筑总量为 902.56 万 m^3。最大横断面底宽约 520m。该坝系国内已建和在建 200m 级的混凝土面板堆石坝之一。

在左岸坝基纵上 0+10～纵上 0+140，高程 1030.00～1055.00m 存在一直壁陡坎。根据《混凝土面板堆石坝设计规范》(DL/T 5016—1999) 的规定，为了避免周边缝附近面板出现较大的变形梯度，垂直于趾板基准线方向的坡度陡于 1：0.5 时，堆石体厚度变化很快，面板的变形梯度大，可能会在高坝周边缝附近出现平行于周边缝方向的结构性裂缝。因此，为减小面板的变形梯度，可在陡壁处设低压缩堆石区或回填混凝土等都是有效措施。

8.5.4.2 方案选择

对于坝基陡坎，常规做法是回填混凝土，但由于这种边坡补填不需要这部分补填物料有较高的强度，而只是需要使边坡平顺，堆石体便于填筑密实。如果采用混凝土进行回填，则必须先浇筑混凝土，待混凝土具有一定的强度以后方可填筑主堆石料，这样影响了填筑工期。所以，用干贫混凝土进行填筑无论从节约成本考虑还是从简化施工工序缩短工期考虑都是可行的。

对于左岸陡坎的处理原设计要用混凝土补填平顺，可使岸边堆石体便于填筑密实。经过专家咨询，认为坝轴线前的边坡不应陡于 1：0，这样做是必要的，但并不需要这部分补填物料有较高的强度，只要其模量高于堆石体本身即可。为了便于施工，建议在左岸需补填处，采用潮湿垫层料加入少量水泥（40～50kg/m^3）拌和的干贫混凝土，与主堆石体铺层厚度相同，同步铺填、同步碾压的填筑方案。

8.5.4.3 施工参数

由于第一次使用干贫混凝土，所以在大量使用前，在现场做了碾压试验，经过现场多组碾压试验结果分析，得出干贫混凝土配合比和碾压参数分别见表 8-6、表 8-7。

表 8-6 　　　　　　　　　　　　干贫混凝土配合比表

2A 料/kg	P·O42.5 水泥/kg	加水量（体积%）
2200	50	4～5

表 8-7 　　　　　　　　　　　　碾 压 参 数 表

干密度/(g/cm^3)	铺层厚度/cm	碾压遍数	28d 抗压强度/MPa
2.205	40	9 遍（先静碾 1 遍，再振碾 6 遍，然后静碾 2 遍）	5～8

8.5.4.4 施工技术要求

干贫混凝土在拌和楼进行拌和，拌和时间 1.5～2min，拌和均匀后用 15t 自卸汽车运输到填筑工作面直接入仓，与主堆石料同步上升，D85 推土机平料，人工配合平仓，铺层厚度 40cm，回填坡度 1：0.5，18t 自行振动碾碾压 9 遍，靠岸坡部位采用振动板夯实。碾压后的干密度不小于 2.205g/cm³，若为连续碾压，则上、下层的间隔时间不超过 5h；若为分层碾压，则上、下层的间隔时间不少于 72h，层面应做冲洗处理。

8.5.4.5 质量检查方法

通过挖坑灌水法检测碾压后的干密度及试件抗压强度试验，检测抗压强度。

8.5.5 美岱水库混凝土面板堆石坝填筑干贫混凝土施工

8.5.5.1 工程概况

美岱水库位于内蒙古自治区包头市土默特右旗的美岱沟内，控制流域面积 886.6km²，总库容 2039 万 m³，是一座以防洪为主兼灌溉等综合利用的水利工程。工程挡水建筑物为混凝土面板堆石坝，坝肩右岸依次布设有灌溉引水洞、溢洪道、导流（泄洪冲沙）洞和永久上坝公路。

美岱水库大坝坝顶高程 1167.00m，最大坝高 93.2m，坝顶宽 8.0m，坝顶轴线长 117.0m，上游坝坡 1：1.4，下游坝坡 1：1.5～1：1.6。坝体填筑总方量 63 万 m³，主要采用工程开挖的利用料填筑而成。

8.5.5.2 方案选择

美岱水库坝体填筑利用料主要来源于永久上坝公路和高程 1168.50m 平台两个施工开挖部位。其中，1168.50m 平台为溢洪道开挖前的基础平台，其上部山体陡峻，开挖量大，是后期坝体填筑的唯一料源。

1168.50m 平台位于坝肩右岸的正上方，与下方趾板混凝土之间的垂直高差达 100m 以上。实际施工中，考虑到平台开挖滚石跌落的破坏影响，故将平台影响范围内的趾板混凝土调整在平台开挖完成后进行施工。

方案的调整与《混凝土面板堆石坝施工规范》（DL/T 5128—2001）第 7.1.1 条："坝体填筑一般应在坝基、两岸岸坡处理验收以及其相应部位的趾板混凝土浇筑完成后进行"发生冲突，在坝体高程 1092.00～1167.00m 之间的趾板位置形成空缺，直接影响坝体全断面度汛（高程 1118.5m）的目标实现，更是后期大坝填筑施工的主要制约因素。经过多种方案的分析研究，发现干贫混凝土固坡技术无疑是解决这一特殊矛盾的最优途径。

干贫混凝土固坡技术，是在垫层料区上游坡面形成一个规则、坚实的支撑区域，通过边缘的限制作用，实现垫层料的填筑施工，保证大坝填筑施工的正常进行。按照以上基本原理，进行应用情况分析：

（1）将固坡混凝土设置在特殊垫层料区外缘，严格按照趾板混凝土侧模标准放线，进行干贫混凝土固坡施工，保证大坝填筑。这样即可避免后期坝料的二次补填，也可直接利用该部分固坡混凝土充当侧模（平台开挖完成后需进行破坏部位的修补），进行趾板混凝土浇筑，其经济性能突出。但方案中的固坡混凝土侵占特殊垫层料，影响特殊垫层料对缝顶无黏性料（粉细砂、粉煤灰等）的反滤作用，对保证缝顶无黏性料自愈的功能不利。特别是在受力影响方面，无成熟的分析计算方法，存在一定的工程安全隐患，故不予以采用。

（2）沿特殊垫层料内边线，利用干贫混凝土将上游面挤压边墙与坝体岩石岸坡相连，形成规则支撑区域，进行大坝填筑施工。待后期趾板混凝土浇筑完成后，再进行特殊垫层料补填。该方案保证了特殊垫层料的填筑范围，固坡混凝土侵占垫层料，其对坝体性能的影响程度附和挤压边墙理论标准，有可取性。

8.5.5.3 干贫混凝土固坡施工

实际施工中，为进一步降低该部分固坡混凝土对坝体的影响，我们调整和减小挤压边墙断面尺寸，按内、外坡为 5：1，层高 40cm，顶宽 10cm 的标准进行控制。混凝土配合比按上游挤压边墙标准执行，具体配合比见表 8-8。

表 8-8　　　　　　　　　　　　　干贫混凝土施工配合比表

强度等级 /MPa	密度 /(g/cm³)	渗透系数 /(cm/s)	水灰比	砂率 /%	水 /kg	水泥 /kg	速凝剂 /kg	砂 /kg	小石 /kg
<5	2.215	$10^{-2} \sim 10^{-3}$	1：3.5	37	111.0	82.0	3.28	755.0	1264.0

每层施工与上游挤压边墙同步进行，施工时，首先沿特殊垫层料区内边线进行控制放线，支立模板，然后采用人工手持夯板锤击的方法进行混凝土浇筑。待固坡混凝土浇筑完成后，利用人工分层填筑的方法对其 1m 范围内的垫层料进行填筑，确保大坝施工安全而正常的进行。

9 挤压混凝土

挤压混凝土施工是指通过料斗的螺旋机将坍落度很小（甚至为零）的混凝土挤压至一定形状的模具中，再通过模具上附着的高频振动器将混凝土振捣挤压密实。同时，模具在挤压的反作用力作用下继续往前行驶，将浇筑成型的混凝土能立即脱模的一种工艺。最早挤压混凝土应用于道路园林工程中道沿，20 世纪 90 年代末在巴西埃塔（ITA）混凝土面板堆石坝（高 125m）施工中率先用来进行上游边墙固坡，并很快推广到多个国家。采用挤压混凝土边墙因其与垫层料同期上升，能同步完成堆石坝上游坡面保护的特点，因而受到了坝工界的广泛关注和应用。我国于 2001 年开始对该技术进行研究，2002 年 8 月开始将该项施工技术成功应用于公伯峡水电站混凝土面板堆石坝工程，并在短短的几年时间里，先后在龙首二级、芭蕉河、水布垭、早平嘴等多个水电站混凝土面板堆石坝工程中推广应用。

9.1 施工条件

挤压混凝土边墙用于混凝土面板堆石坝上游固坡，是在每填筑一层垫层料之前，用边墙机在上游坡面挤压制作出一个梯形的半透水性混凝土边墙，形成一个规则、坚实的支撑区域，然后在其内侧按设计铺筑坝料用振动碾平面碾压，合格后重复以上工序。使用挤压混凝土边墙技术，不再需要传统工艺的坡面平整和碾压设备、沥青喷涂设备和水泥砂浆施工机具等，使施工设备得到简化，并且施工进度得到了提高，边墙施工一般速度可达 40~60m/h，一个工作循环可在短时间内完成，与垫层料铺填可同步上升，保证坝面均衡平起施工。由于挤压机的高效工作和混凝土采用适宜的配合比，混凝土弹模低，边墙截面基本为三角形，上、下层连接可视为铰接方式，这可使边墙适应垫层区的沉降变形，其下部不易形成空腔，避免对面板造成不利影响。传统工艺中的坡面斜坡碾压被对填筑料的垂直碾压所取代，密实度得到保证，蓄水后这一区域的变形现象大大减少。由于边墙在坡缘的限制作用，垫层料不需要超填，施工安全性高。边墙可提供一个规则、平整、坚实的坡面，坡面整齐美观。

9.2 施工设备

进行挤压边墙混凝土施工主要设备为混凝土挤压边墙机，现阶段主要有 BJYDP40 挤压机。混凝土拌和以强制式拌和楼为好，为方便混凝土卸料入仓，混凝土运输宜采用 8m³ 以上搅拌车。在进行挤压机安装和移位时需要 8t 以上汽车吊或 3m³ 以上装载机配合。

9.3 配合比设计

挤压式边墙混凝土配合比的设计要考虑两方面因素：一是挤压机挤压力的大小，即挤压出的混凝土密实度能满足渗透要求，一般坍落度在0～1之间，挤压力大的按小值控制；二是挤压混凝土的强度和弹性模量能满足设计要求，其弹性模量要低，能适应垫层料的变形，且能承受一定的荷载和冲击。具体要求如下：

（1）工作性：干硬性混凝土，混凝土骨料粒径不大于20mm（按一级配干硬性混凝土设计）坍落度为0～1。

（2）低弹性模量要求：弹性模量指标宜控制在5000MPa以下。

（3）低强度和早强要求：28d抗压强度为3～8MPa，2～4h抗压强度应满足挤压成型边墙在垫层料振动碾压时不出现坍塌为原则。

（4）高密度性要求：密度宜控制在2.1～2.3g/cm³，尽可能接近垫层料的压实度。

（5）半透水性要求：渗透系数宜控制在10^{-4}～10^{-3}cm/s，尽可能接近垫层料的渗透系数。

根据以上原则，挤压边墙的混凝土水泥用量一般为70～100kg/m³，砂率为30%左右，粗骨料为1280～138kg，有的工程直接采用特殊垫层料（2B料）来代替砂子和小石，速凝剂的掺量一般为水泥用量的3%～5%。

部分混凝土面板堆石坝工程挤压边墙混凝土配合比见表9-1。

表9-1　　　　部分混凝土面板堆石坝工程挤压边墙混凝土配合比表

工程名称	混凝土中各种材料用量/(kg/m³)						试验成果指标			
	水泥	水	砂	小石	减水剂	速凝剂	抗压强度(28d)/MPa	弹性模量/MPa	渗透系数/(cm/s)	干密度/(kg/m³)
伊塔	75	125	1173	1173						
公伯峡	85	119	584	1362		2.89	2.5	8624	$2.02×10^{-2}$	2.12
龙首二级	85	91.2	566	1384		3.40	1.95	6626	$5.35×10^{-3}$	
芭蕉河	70	102	587	1371		1.47	4.0		$3.84×10^{-3}$	
水布垭	70	91	(2B料)	2144	0.56	2.8	4.35	2120	$7.71×10^{-3}$	2.13
那兰	70	94.5	(2B料)	2115		2.8	3.6	2716	$3.4×10^{-3}$	
寺坪	90	117	(2B料)	2160		4.05	3.9	5900	$4.34×10^{-3}$	2.04

9.4 施工

9.4.1 场地平整

混凝土挤压边墙一般是从趾板顶部高程开始上升，整体施工前采用垫层料将趾板头部的下游三角槽填平，在每一层混凝土边墙挤压前及垫层料填筑之后，必须对施工场地进行检查、修补和人工整理，保证 3m 范围内平整度不超过 ±2cm，以满足边墙挤压的施工要求。检查工作包括：①检查垫层料碾压后填筑层与边墙混凝土顶面的高差，使两者尽可能在同一平面上，如存在高差，则人工填平，以利于混凝土挤压施工时边墙挤压机能够水平移动；②在大坝垫层料填筑施工时，垫层料碾压，机动车辆行驶等造成碾压表面损坏或不平整，混凝土边墙挤压施工前，须将挤压机行驶轨迹范围内垫层区整平，以免影响挤压边墙施工质量；③为保证边墙混凝土挤压成型后直线度满足设计要求，应预先在施工场地按挤压机行走方向进行精确放线，作为挤压机前进导向之用。

9.4.2 测量放线

严格按设计要求，控制混凝土边墙的位置，对垫层料高度进行复核后，取其平均值，确定挤压边墙的边线，按此边线，根据底层已经成型挤压边墙顶边线作适当的调整，使上下两层间错台最小，以减少对混凝土面板的约束力，坝体上游面水平方向偏差控制在 ±2cm 以内，根据调整后的边线向下游挂线确定挤压机定位线。

9.4.3 挤压机就位

每层混凝土边墙挤压施工完毕，进行下一层次的混凝土边墙挤压作业时，采用人工推移或直接吊运方式将挤压机运至施工地点，其内侧紧贴定位线绳，然后调整前后 4 个螺栓，对其进行垂直方向和平行机身方向的水平调节，保证挤压机处于上口料斗水平。挤压机边墙出口高度达到设计要求。为避免混凝土边墙挤压成型后其坡脚出现松动现象，应将挤压机外坡刀片贴近前一层边墙坡顶。挤压边墙表面的平整度很大程度上取决于边墙挤压机的行走是否为直线。为此，在挤压机靠扶手侧的侧板上设置定位针或定位线，挤压机行走时，保证标示线始终与定位线一致，以控制挤压机直线行走。

9.4.4 挤压施工

每层挤压边墙的施工工艺流程为：拌和楼强制式拌和机拌制混凝土→搅拌车运至现场→搅拌车卸料入边墙挤压机→挤压机挤压混凝土→直线度和平整度等项目检测→ⅡA（垫层）料回填→ⅡA（垫层）料碾压和场地平整，重复以上工序。

9.4.4.1 混凝土拌和运输

根据现场试验成果和实际施工条件，挤压边墙混凝土在拌和楼拌和时除速凝剂外其他材料均应按配合比一次性配料拌好，一般采用搅拌车运至施工现场，由搅拌车直接向挤压机料仓卸料，待料仓混凝土达到 1/3 容积以上后开动挤压机，在混凝土边墙挤压施工作业现场由挤压机设置的外加剂罐向进料口添加速凝剂，边搅拌边挤压成型。

9.4.4.2 边墙混凝土挤压施工

准备工作就绪后，启动边墙挤压机，待机器运转正常即开始混凝土边墙挤压作业施工，挤压时由专人控制挤压机行走方向，挤压机水平行走精度控制在 ±5cm，行走速度与搅拌车运行速度和方向保持一致，搅拌车送料到挤压机料斗应均匀，而且出料速度适中，使挤压机的挤压速度控制在 50m/h。由于混凝土坍落度为 0，搅拌车卸料初可能产生骨料分离。因此，搅拌车刚卸料时，剔除部分粗骨料。待卸料均匀后，再卸入挤压机受料斗内。成型后的挤压边墙须立即进行修整，一般采用 50cm 长木抹子轻拍表面收光，并可适当洒水，保证边墙表面的平整度和美观。

9.4.4.3 混凝土边墙端头处理与施工

在混凝土挤压边墙与两岸岸坡趾板接头处的起始端和终止端采用人工立模浇筑边墙，其使用的混凝土材料与边墙混凝土相同，在挤压边墙的端部采用钢模板将其封闭并固定，挤压机开始边墙挤压作业，边墙混凝土挤压全部完毕后，吊离挤压机，然后按照边墙的设计尺寸架设模板，采用挤压混凝土人工浇筑边墙的端部，混凝土面板施工前，将边墙与趾板交接处的混凝土破碎清除，清除的宽度应满足沥青砂浆垫块的尺寸，以减少边墙混凝土对趾板与面板的约束。

9.4.4.4 垫层料填筑碾压

挤压边墙混凝土施工完毕 4～5h 后进行垫层料的填筑碾压，垫层料靠近边墙区域采用小型振动碾，距边墙 15～20cm 外区域采用 18t 左右振动碾，垫层料的填筑碾压按要求进行。

9.4.4.5 混凝土挤压边墙层间接合和缺陷处理

混凝土边墙挤压完毕和垫层料填筑碾压后，若每层边墙的接坡间出现明显的台阶，边墙坍塌，平整度超标、位置及外形尺寸误差过大，成型混凝土缺陷等，应立即采用同种混凝土进行人工修补处理，以保证上、下层间结合平顺，外表美观。

9.5 工程实例

水布垭水电站混凝土面板堆石坝挤压混凝土施工。

9.5.1 工程概况

水布垭水电站混凝土面板堆石坝最大坝高 233m，坝顶宽 12m，坝轴线长 660m，坝底最大纵断面长 600m。坝体从上游到下游分为盖重区（ⅠA）、粉细砂盖重区（ⅠB）、垫层区（ⅡA）、过渡区（ⅢA）、主堆石区（ⅢB）、次堆石区（ⅢC）和下游堆石区（ⅢD）共 7 个填筑区，在垫层区前设有防渗面板。上游坡比 1∶1.4，面积 30000m^2，垫层料宽 400cm，过渡料宽 500cm。根据其他工程经验，在上游采用料挤压混凝土边墙进行固坡，其挤压混凝土边墙设计指标见表 9－2。

表 9－2　　　　　　　　　　挤压混凝土边墙设计指标表

项　目	干密度/(g/cm^3)	渗透系数/(cm/s)	弹性模量/MPa	抗压强度/MPa
指标	＞2.25	10^{-3}～10^{-4}	5000～7000	＜5

9.5.2 混凝土配合比

挤压边墙混凝土按干硬性混凝土配合比设计，坍落度为 0，根据室内材料试验推荐配合比，经现场复核验证后，水布垭水电站挤压边墙混凝土施工配合比见表 9－3，混凝土原材料如下：①砂石材料采用水布垭水电站三友坪人工料场生产的灰岩料；②水泥采用三峡牌 P·O 32.5 级水泥；③速凝剂采用巩义 8604 液态速凝剂，减水剂采用葛洲坝 NF－21 粉状减水剂或江西 HA－JZ 粉状减水剂，28d 混凝土抗压强度大约 5MPa 左右，渗透系数在 10^{-4}～10^{-3}cm/s 范围内。

表 9 - 3 水布垭水电站挤压边墙混凝土施工配合比表

项目	单位材料用量/(kg/m³)			外加剂掺量/%		
	水	水泥	沙石料（ⅡAA）	NF - 21	HA - JZ	8604
配合比	91	70	2144	0.8		4

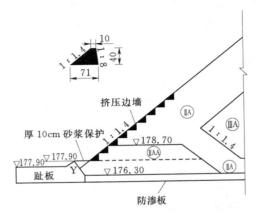

图 9 - 1 挤压边墙布置图（单位：cm）

9.5.3 挤压边墙的布置

挤压边墙坐落在垫层料与趾板连接的小区料基础上，由挤压机连续挤压施工成型，在坝前区形成一道混凝土小墙。其断面尺寸为高 40cm，顶宽 10cm，上游边坡 1：1.4，下游边坡 8：1，边墙截面为梯形，挤压边墙布置见图 9 - 1。

9.5.4 挤压边墙施工

边墙混凝土挤压机采用陕西省水利机械厂生产的 BJY - 40 型挤压机，其主要机械参数见表 9 - 4。

表 9 - 4 挤压机主要机械参数表

型号	工作方式	外形尺寸（长×宽×高）/(m×m×m)	自重/kg	功率/kW	工作速度/(m/s)
BJY - 40	液压	3.5×1×1	3500	45	45～60

为保证垫层料碾压后的平整度，采取在挤压边墙顶部横向放置一块长 150cm，宽 10cm，高 5cm 普通钢模板，内侧铺填（ⅡA）料，其松铺顶部与模板齐平，然后采用 18t 自行式振动碾辅以 BW - 75S 小型振动碾压实。

每一层边墙挤压前，进行精确放线，标出边墙的下边线和挤压机行走的轨迹线。采用平头铁钉打入垫层料中标示，间距 10m，外露 1cm，沿铁钉采用细钢丝拉紧，使挤压机行走时，标示线不移位，以控制边墙的精度。

混凝土采用 HSZ90 强制式拌和机拌和，2 台 6m³ 搅拌车运至大坝施工现场。混凝土拌和时，减水剂在拌和楼添加，速凝剂在施工现场由挤压机设置的外加剂罐边行走边向进料口添加。挤压施工时其行走速度与搅拌车运行速度和方向保持同步，速度控制在 45～60m/h。边墙挤压成型后及时由人工采用 M5 水泥砂浆填补抹平，其坡度不缓于 1：10。

边墙混凝土施工后 2～3h 进行垫层料的摊铺和碾压。垫层料层厚 40cm，采用 18t 振动碾压实，靠近边墙 20～30cm 区域内采用 BW－75S 小型手扶式振动碾压实或手扶式夯板夯实。

在挤压边墙施工过程中，每 10 层（高 4m）进行一组干密度和强度现场取样检测，每 20 层（高 8m）进行了一组弹性模量、渗透性检测。检测结果为：干密度平均值 2.13g/cm³，弹性模量在 1800～3200MPa 之间，平均强度 3.52MPa，渗透系数在 10^{-4}～10^{-3}cm/s 之间。通过变形观测点观测边墙向上游的水平位移在 5mm 以内，垂直沉降在 3～5mm 之间。

9.5.5 公伯峡水电站面板堆石坝挤压混凝土施工

9.5.5.1 工程概况

混凝土面板坝上游面传统的施工方法是将垫层料铺填超出设计垫层区上游面 30cm 左右后进行水平碾压，一般层厚约 40cm，待垫层料铺填至一定高度后，进行人工削坡整理，并反复进行斜坡碾压，然后再进行削坡整理、喷砂浆固坡等工序，直至符合设计坡面要求。从客观上讲，采取上述施工方法垫层料斜坡面密实度难以保证、上游坡面施工工序复杂、垫层料超填和整理量大，且坡面长期无防护容易受雨水冲刷。

混凝土挤压式边墙技术借鉴了道路工程中混凝土路沿拉模施工技术，即在每填筑一层垫层料之前，沿着设计断面用挤压式边墙机制做出一个半透水的连续的混凝土小墙，待混凝土凝固后在其内侧按设计要求铺填大坝垫层料，接着用振动碾平面碾压垫层料，待本层料碾压合格后再重复以上工序。挤压式边墙施工分 3 个阶段，其施工程序见图 9－2。

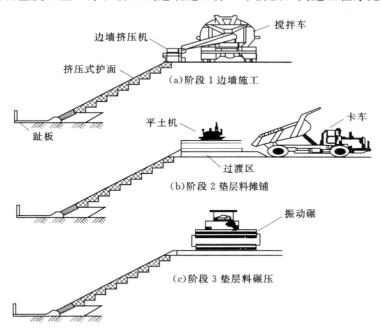

图 9－2 挤压式边墙施工程序图

9.5.5.2 挤压机械研制

边墙挤压机是借鉴公路工程道沿机的原理制作而成，它包含 4 个部分：

（1）动力系统，柴油发动机作为动力系统用挤压方式驱动设备前行。

（2）转向系统，挤压机前进过程中，控制行走方向。

（3）混凝土挤压仓，混凝土卸入料斗后，通过螺旋桨搅拌将混凝土挤压到模板仓内，通过安装的机械振捣系统充分振捣，以确保混凝土的密实性和浇筑质量。

（4）边墙机模板，按照挤压墙的设计尺寸制作的固定模板。

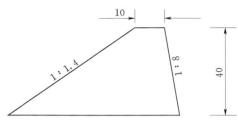

图 9-3　挤压边墙截面示意图（单位：cm）

9.5.5.3　挤压边墙设计断面

边墙断面设计为梯形（见图 9-3）以铰接的方式使边墙可适应垫层区的沉降变形，其底部不会形成空腔，有效避免了空腔对面板的不利影响。上游坡面可根据坝坡坡比调整，由于过大的顶宽会降低边墙适应变形的能力，因此顶部宽度应限制在 12cm。

9.5.5.4　配合比设计

配合比设计必须考虑三个方面因素：一是挤压机挤压力的大小，即挤压出的混凝土密实度能否满足渗透要求；二是挤压混凝土的强度和弹性模量值能否满足要求；三是配合比是否适合可施工的要求。

由于挤压机对混凝土配合比湿的混凝土行进速度快，干的混凝土行进速度慢，因此挤压墙混凝土按一级配干硬性混凝土配合比设计，坍落度为 0，通常采用水泥用量 70～85kg/m^3，用水量 100kg/m^3 左右，水灰比 1.31～1.45，速凝剂适量。28d 混凝土抗压强度大约 5MPa 左右，混凝土渗透系数在 10^{-2}～10^{-3} cm/s 范围内，要求低弹模。采用拌和楼拌制，混凝土罐车运输至浇筑现场。

9.5.5.5　生产性试验

试验采用 32.5 级普通硅酸盐水泥，公伯峡水车村生产的砂和小石，采用 MTX 高效速凝剂（液态）。选择砂率为 30％～31％，采用 70kg、80kg 两种水泥用量分别拌制混凝土进行试验。

试验结果表明采用 70kg 或 80kg 水泥用量，挤压墙成型均很好，挤压机的行走速度为 44～48m/h，长 32m 的挤压墙混凝土浇筑完 2h 后，即可开始进行垫层料的施工。垫层料采用 SD175D 英格索兰自行振动碾，行走速度控制在 3km/h 左右，振动频率 28Hz 左右，振幅 1.2～1.4mm，碾压距挤压墙 5～10cm 时，边墙周围碾压密实，现场未监测到边墙有位移、振松现象，生产性试验取得良好效果。生产性试验表明，使用 EJY-40 型混凝土挤压机和适当的混凝土配合比可以完成挤压式混凝土边墙施工。其施工速度已达到 50m/h，可保证混凝土成型和半透水、低弹性模量、坡面均匀整齐的要求。试验选用的混凝土配合比满足 2h 后垫层料铺填和振动碾压的要求；其渗透系数在 10^{-3}～10^{-2} cm/s 范围内，满足大坝渗透要求，混凝土弹性模量小于 10000MPa，抗压强度 2～3MPa，对面板的约束力很小。

9.5.5.6　施工方法

（1）施工场地平整度控制在 ±5cm 以内。整平碾压后用灰线洒出挤压机行走路线。

（2）挤酿就位后安放挤压边墙三角形端头挡板并固定。

（3）混凝土罐车运输混凝土到试验现场，罐车采用后退法卸料，采用"真空负压外加剂喷枪"，掺入适量的MTX高效速凝剂。

（4）挤压机行走速度控制在50m/h左右。

（5）挤压边墙成型2h后，用20t自卸车拉运垫层料，采用后退法卸料。

（6）用推土机摊铺，靠边墙处人工整平，防止粗料集中。

（7）碾压前在混凝土边墙布置观测点，碾压后用全站仪测定挤压墙侧向位移。

9.5.5.7 施工特点

通过对公伯峡水电站大坝碾压试验场地进行的挤压墙试验，充分说明采用挤压式边墙施工具有以下施工特点：

（1）大坝施工进度可明显提高。边墙混凝土浇筑施工速度可达40～50m/h，在混凝土成型2～3h后即可进行垫层料的填铺，两者几乎可同步上升。

（2）由于边墙在上游坡垣的限制作用，垫层料不需要超填，也不进行坡面修整和斜坡碾压，避免了上游边坡上滚石及斜坡碾等危险作业，上游坡施工的安全性大大提高，上游坝脚部位可安全进行有关作业。

（3）边墙可提供一个规则、平整的坡面，坡面整洁美观，有利于施工管理。

（4）上游坡面的新技术使得工序和施工设备、机具得到简化。传统工艺需要的坡面平整和碾压设备、沥青喷涂设备、水泥砂浆施工模具等也可被挤压机取代，人工修整作业大为减少。

（5）边墙在坡面形成一个规则、坚实的支撑区域。

（6）对大型工程尤其是导流标准较高的工程以及南方多雨地区，可提供一个抵御冲刷的上游坡面，从而使导流度汛的安全性提高，避免了雨水对垫层料的冲刷。

目前挤压机的生产、混凝土配合比的设计和试生产、现场浇筑成墙技术和垫层料上坝技术已成熟。

9.5.6 三岔河水电站面板堆石坝挤压混凝土施工

9.5.6.1 工程概况

三岔河水电站位于云南保山地区腾冲县猴桥镇，为槟榔江梯级的龙头水库，坝址控制流域面积382.4km²，多年平均流量31.3m³/s。水电站距昆明公路720km，距腾冲县城公路74km。

三岔河水电站为二等大（2）型工程，工程开发任务单一，仅为发电，采用混合式开发。正常蓄水位1895.00m，总装机容量72MW。正常蓄水位以下库容2.59亿m³，最大坝高94m。

三岔河混凝土面板堆石坝坝顶高程1900.00m，趾板最低建基面高程1806.00m，最大坝高94m，坝顶长度331m，坝顶宽度8m，设防浪墙。上游坝坡1：1.4，下游坝坡在高程1870.00m处设置马道一条，宽度为2m，此高程以上坝坡为1：1.6，以下为1：1.4。

9.5.6.2 挤压混凝土边墙施工特点

挤压混凝土边墙的施工方法就是在填筑每一层垫层料之前，沿垫层料上游边缘，用挤压边墙机做出一条半透水的梯形混凝土边墙，然后在混凝土边墙内侧铺筑垫层料，用自行式振动碾碾压合格后再重复以上工序，使之随即形成具有一定强度的混凝土临时坝坡。

（1）施工简便，施工安全性提高。使用挤压混凝土边墙机施工，以坝体填筑垫层料的水平碾压取代传统工艺中的坡面超填、斜坡碾压、修整坡面等工序，变斜坡碾压为垂直碾压，可防止面板开裂，从而提高了上游迎水坡面垫层料的碾压密实度，保证了工程质量。由于边墙受坡垣的限制，垫层料在卸料过程中不会沿坡面滚落，对水平趾板灌浆施工、坝前抽水等作业的安全性大大提高。同时，挤压混凝土边墙有一定的强度，对于垫层料有一定侧限作用，没有斜坡上的施工，避免沿挤压混凝土边墙进行碾压的施工设备发生多发性机械、人身事故，坝体实现同步上升，总沉降量减少。

（2）提高了度汛能力，加快了施工进度。三岔河水电站工程，具备 50 年一遇挡水条件，大坝填筑施工期间需要坝体临时度汛，而且对于雨季施工的混凝土面板堆石坝来讲，使用挤压混凝土边墙施工技术，能有效提供一个可以抵御冲刷的上游坡面，可临时挡水，从而减少了多雨地区施工坝面会因雨水冲刷形成冲沟导致产生人工回填碾压等修复工作量。

9.5.6.3 挤压混凝土边墙施工

（1）施工作业流程。每一道挤压混凝土边墙施工作业流程为：垫层料运输就位→反铲粗整平垫层料→人工细平整→机械碾压→补料夯压→测量放点→白灰撒线→挤压机吊装就位→混凝土拌制及运输→边墙挤压施工→两端与趾板接口处理→缺陷处理。

（2）垫层料的运输就位、平整、碾压。垫层料碾压平整度和密实度的均匀直接影响到挤压边墙成型质量，垫层料采用 20t 自卸车运输、日立液压反铲粗平整辅以人工平料，平整完毕用 26t 振动碾按照碾压试验参数要求进行碾压。碾压时保证钢轮边与边墙距离在 500mm 以上。边墙 500mm 以内的垫层料碾压采用平板夯或手扶振动夯夯实，以确保垫层料碾压后挤压混凝土边墙变形，位移变小。人工对已经碾压完不平整的面及时补充填料，然后夯压，表面不得有起伏波浪形状，不得有凸起的石料及杂物，降低行驶阻力，边墙挤压机始终要在同一平面上行驶，垫层料的含水率控制在 8% ～10%，在雨天施工时，垫层料运输就位后先覆盖，确保天晴时进行摊铺晾晒，达到设计含水率进行碾压，以防形成"弹簧"晴天施工及时洒水，确保最优含水率，以防含水率偏低碾压不密实。

（3）测量放线。测量人员先按图计算好各点高程和坐标，用标定合格的仪器在已完成的合格填筑碾压面上按设计要求外沿进行放点，施工员依照测量放点对应位置，用白灰撒挤压边墙机前进直线方向行驶的内线或采用白色线绳连接行驶的内线，根据施工实际情况，复测已施工完的迎水坡面，由于铺料和碾压外力作用，挤压边墙外移 3～8cm 不等，后来放线时有意识收缩 5cm 以减少盈亏坡面的处理量。

放线采用高程和轴距同时控制，间隔 30m 布点，每次放线时校核上一层，及时修整坡面。

（4）挤压边墙机吊装就位。就位前要检查边墙挤压机各连接紧固部件是否良好，油及冷却水量、轮胎气是否足够，转向机构是否良好，然后启动柴油机低速运转，确认发动机及其他机构运行工况良好后，熄火停机以备吊装。挤压边墙机用反铲吊装到施工起点，就位时要使机身内侧边缘重叠在已经撒好的白灰线上，并调平内外侧调节螺栓使成型仓后段保持水平，成型仓的内外模板与地面接触，动力仓底面与垫层平面之间的距离为5cm。

（5）混凝土配合比及拌制。根据挤压边墙机的机械性能，拌和料的骨料最大粒径应不大于20mm，统一采用一级配，强度低于5MPa。由于混凝土面板迎水坡面混凝土挤压边墙要求低强度半透水，根据三岔河水电站当地施工气候条件及原材料情况，通过试验确定挤压混凝土边墙配合比见表9-5。

表9-5　　　　　　　　　　　挤压混凝土边墙配合比表

水	水泥	速凝剂	砂	小石
79	116	681	1394	5.6

（6）挤压混凝土边墙施工。混凝土运输车到位后，启动挤压边墙机，低速运转观察仪表盘上各表的显示值符合要求之后，拉动高压柱塞泵控制手柄，转动搅龙，开始卸料，人工向机仓内投料，并按要求掺加液体高效速凝剂。挤压混凝土边墙施工时，须有专人控制挤压机行驶方向，以保证边墙混凝土挤压成型后的直线度能达到设计要求。挤压边墙机行走路线以前沿内侧白灰线或白线绳为准，并根据后内沿侧白线或定位线绳情况及时做适当的调整。

在向挤压边墙机仓内投料行走的同时，仓口拨料人员要将大于20mm的石子捡出，以免损伤机械，挤压机要徐徐前进。上料分两种：一种是人员直接站在运输料车上向挤压边墙机投料；另一种是运输车将料分堆沿着挤压方向倒在铁皮上，人工再次投料，供料要均匀，仓内起拱时及时破拱。施工人员要根据水平尺、坡尺校核挤压边墙结构尺寸的情况，不断调整内外侧底脚调平螺栓，减少高程累积误差，使上游坡比、挤压边墙高度满足要求。

随着大坝的上升，挤压边墙长度增加，挤压一层250m的边墙需一个台班8h，人员配备9名，1名掌管机器行驶方向，1名掺加液体高效速凝剂，6名投料，1名运输料，配一辆自卸运输车。

（7）挤压混凝土边墙两端与趾板接口处理。由于受左右岸坡的地形条件影响和挤压边墙机就位施工要占有一定的位置，因而每次挤压边墙施工，两端头都需要人工立模夯填，补齐临岸坡部位的边墙缺口，每层铺料100mm，人工插捣夯实，迎水坡面人工拍打形成1:1.4坡度，补缺口时提前用木盒子保护岸坡趾板的铜止水，以免损坏。

（8）缺陷（错台、坍塌、起包等现象）处理。针对挤压边墙施工时出现的错台、坍塌现象，应挂线用同种原挤压料或砂浆抹平压实加以处理，针对错台超出设计线（+5cm、-8cm）的部分，人工凿除抹灰处理，处理合格后再转入下道工序施工。

9.5.6.4　结语

挤压混凝土边墙施工是在迎水坡面形成一个规则坚实的支撑体，混凝土边墙在坡沿的限制下，克服了垫层料超填的不足，便于碾压密实。施工设备简化，替代了传统的坡面平整、斜坡碾压及水泥砂浆护面等施工工序。施工安排机动灵活，可在有利时段浇筑面板混凝土，为面板防裂创造有利条件。施工进度快，挤压混凝土边墙与坝体同步上升，有效防止了坝体填筑期间雨水对坝坡的冲刷，节省了坝体修补费用，并对坝体安全度汛提供了可靠保证。通过 8 个月三岔河水电站混凝土面板堆石坝迎水坡面挤压混凝土边墙的施工，总结出以下经验：

（1）测量必须采用轴距和高程同时控制，减少高程的累积误差，放线收缩 5cm，盈亏坡面及时处理，以免以后费工费时。

（2）边墙挤压机的搅龙每 250m 更换 1 次，厂家一个搅龙 3900 元，一般的钢板磨损也快，挖机的废斗牙或推土机换下的轨链板割成八字形条块转圈拼焊，一个成本 200 元，可施工 300m。

（3）振动碾钢轮边必须离开挤压边墙沿口 50cm 以上，采用弱振多遍碾压施工，碾压速度控制在 15km/h，水平垫层区尽量人工修整后再碾压，确保施工后的平整。

（4）加强挤压边墙机检查和保养，及时更换机油并添加柴油，每次吊装前查看吊装 U 形卡的丝扣。

（5）通过 100 层挤压边墙的实际成本测算，施工每平方米挤压边墙约需 420 元（仅含人工、油料、机械、运输费）。

10 预应力混凝土

钢筋混凝土结构采用预应力工艺，可减少结构物尺寸，改善应力状态，避免和减少裂缝，提高结构的承载能力，故其在水工工程中得到了广泛应用。葛洲坝水利枢纽工程冲沙闸、泄水闸的闸墩在国内水工工程中第一次采用了大吨位预应力混凝土施工获得成功，其后清江隔河岩发电引水洞中首次采用了环形预应力工艺，后又用于高坝洲水电站的蜗壳等异性结构中。同时，在各种水电工程交通桥、门桥机轨道梁等工程中预应力工艺得到了更大的推广。

在混凝土构件上施加预应力，一般是通过张拉钢筋（或钢绞线）来实现的。按其建立预应力的方法可以分为两大类：一类是在浇筑混凝土之前就进行了钢筋张拉的，即先张法；另一类是在混凝土浇筑之后进行钢筋张拉的，即后张法。

10.1 预应力施工的材料

先张法和后张法除张拉工艺和锚固的夹具有所不同外，其混凝土材料和使用的钢材要求基本相同。

10.1.1 混凝土及浆材

（1）预应力钢材直接接触的混凝土及浆材所用水泥，应符合《硅通用硅酸盐水泥》（GB 175—2007）的要求。水泥的运输、存储应符合《水工混凝土施工规范》（SDJ 207—82）的要求。

（2）预应力混凝土及灌浆施工所用水泥浆材不宜掺入氯离子和其他对预应力筋有腐蚀作用的外加剂，如需掺用外加剂，其氯离子含量不应大于水泥重量的 0.02%，并不得产生气泡，或降低浆材的 pH 值。

（3）预应力混凝土用的水、砂、石子均应符合《水工混凝土施工规范》（SDJ 207—82）的规定。使用硅酸盐水泥时，禁止使用含游离碱（亦称碱活性）的骨料。

（4）混凝土强度等级一般不宜低于 C30，预应力集中区的混凝土不宜低于 C40；处于侵蚀性介质中的预应力混凝土不应有裂缝；灌浆的浆液强度不宜低于 C30 或设计混凝土强度。

10.1.2 预应力钢材

预应力混凝土构件中要求预应力钢材强度高、与混凝土要有较好的黏结力、低松弛等特性。预应力钢丝是国内最早生产的预应力钢材，其主导产品为低松弛光面钢丝、两面刻痕钢丝、三面刻痕钢丝、低松弛螺旋肋钢丝，在水工中主要应用轨枕、叉枕、水泥管及屋面板等小型混凝土预制件。随着预应力钢材生产业和混凝土施工业的不断进步，预应力钢丝在许多领域已被预应力钢绞线和预应力钢筋所替代。现国内预应力用钢材主要采用高强低松弛钢绞线、Ⅲ级以上预应力钢筋或精轧螺纹钢筋，使用的最主要品种是强度等级为1570MPa、1670MPa、1720MPa、1860MPa的ϕ_j15.24mm低松弛预应力钢绞线和精轧螺纹钢筋，常见预应力钢材主要规格形状见表10-1。

表 10-1　　　　　　　　　　常见预应力钢材主要规格形状表

产品品种		主要规格/mm	形　状
PC 光面钢丝		3.00，4.00，5.00，6.00，7.00，7.80，8.00，9.00	
三面刻痕钢丝		5.00，6.00，7.00，8.00	
预应力混凝土钢绞线	1×2 1×3	10.00，12.00，10.80，12.90	
	1×7	9.50，9.53，12.70，15.00，15.20，15.24，15.70	
模拔钢绞线	1×7	12.70，15.20，18.00	
无黏结钢绞线		9.53，12.70，15.00，15.24，15.70	
精轧螺纹钢筋		15，20，25，32，40	

其中现阶段最常使用的是1860MPa级ϕ_j15.24mm低松弛预应力钢绞线，其力学性能指标见表10-2。

表 10-2　　　　　　　　　　钢绞线力学性能指标表

钢绞线结构	公称面积/mm²	抗拉强度/MPa	整根钢绞线最大力/kN	弹性极限/kN	伸长率/%	初始负荷为最大力80%时应力松弛率/%
1×7	140	≥1860	≥260	≥234	≥3.5	≤4.5

预应力钢材须符合下列标准：

钢丝：《预应力混凝土用钢丝》（GB/T 5223—2014）；

钢绞线：《预应力混凝土用钢绞线》（GB/T 5224—2014）；

钢筋：《预应力混凝土用热处理钢筋》（GB 4463—1984）；精轧螺纹钢筋强度等级分为 HRB500、PSB500、PSB785、PSB830、PSB930、PSB1080，是以屈服强度划分级别，其代号为"PSB"加上规定屈服强度最小值表示。

对国外进口的标准预应力材料，可按产品质量证书、标牌及说明书、进口协议文件等足以证明其质量标准的文件代替技术鉴定。

预应力钢材必须具有出厂质量证书及标牌。使用前必须经抽样检查合格后方可使用。不得采用锈蚀严重或有腐蚀坑的钢材作为预应力筋。

预应力钢材应入库、架空储存，不应露天堆放。存储仓库除应符合一般金属材料仓库要求外，还应增加防潮、防腐设施。

在运输存储过程中，预应力钢材不应与硫化物、氯化物、氟化物、亚硫酸盐、硝酸盐等有害物质直接接触或同库存储。

10.1.3　锚具、夹具、连接器

锚具是后张法构件或结构中为保持预应力筋拉力并将其传递到混凝土上用的永久性锚固装置；夹具是先张法构件施工时为保持预应力筋拉力并将其固定在张拉台座上用的临时性锚固装置，有时两者可以互相换用；连接器是将两根（或是两索）预应力筋进行接长使其预应力能够纵向传递的传力连接装置。

预应力用的锚具、夹具按锚固方式不同分为：夹片式、锥塞式（钢质锥形锚具、槽销锚具等）、支撑式（镦头锚具、螺丝端杆锚具等）、握裹式（压花锚具）四类。锚具、夹具的性能应符合《预应力筋用锚具、夹具和连接器应用技术规程》（JGJ 85—2010）的规定。

10.1.3.1　夹片式锚具

钢绞线张拉端一般采用夹片式锚固，现国内适用于高强钢绞线的有 XM、QM、OVM、BS、GM 等锚固体系。锚具型号名称由各厂家自定，一般采用如下命名方式，如编号 OVM15（13）-7 的锚具名称含义为：15（13）为锚具适用的钢绞线直径，15 的适用于 $\phi_j 15.20mm$、$\phi_j 15.24mm$ 的钢绞线；（13）的使用与 $\phi_j 12.7mm$、$\phi_j 12.9mm$ 的钢绞线；-7 为锚具孔数为 7 孔。*BM15（13）-X 表示为扁锚，其他的数字符号与多孔锚表示相同。不同厂家夹片结构不同，按其形式有两夹片式和三夹片式锚具。两夹片式锚具一般采取限位板控制夹片与钢绞线的咬合力，锚固时借张拉钢筋回缩带动夹片自动跟进将钢筋夹紧而锚固，其限位板与夹片端的间隙为 5mm，故钢绞线张拉后放张的回缩量一般为 5mm 左右；三夹片式锚具张拉时夹片较松弛且夹片回缩不易同步，锚固时需要采用顶压器对夹片进行顶压锚固，故其放张以后基本没有回缩损失。夹片结构见图 10-1。

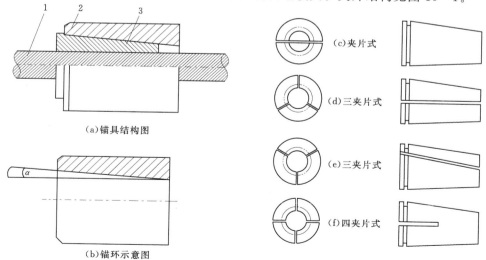

（a）锚具结构图

（b）锚环示意图

（c）夹片式

（d）三夹片式

（e）三夹片式

（f）四夹片式

图 10-1　夹片结构图

1—钢绞线；2—锚环；3—夹片

预应力筋张拉后锚具会对其锚下混凝土产生的巨大应力，为防止锚下混凝土破坏，其下要设置锚垫板、喇叭口、螺旋筋，形成其锚固体系。锚固体系一般宜成套采购，如要自行加工锚垫板、喇叭口，应参照厂家相应锚具尺寸（某品种锚固系统各参数见表10-3、表10-4）要求进行加工。夹片式锚具锚固体系（见图10-2～图10-5）。

表10-3　　　　　**＊M15系列张拉端锚固系统设计参数表**　　　　　单位：mm

型号	锚环		锚垫板			波纹管	螺旋筋				千斤顶型号
	ϕE	F	A	B	ϕC	ϕD内	ϕG	f	ϕH	n	
＊M15-01	40	48	90	35			80	30	6	4	QYC230
＊M15-02	85	48	135	110		45	120	40	10	4	YDC650
＊M15-03	87	49	135	112		50	130	40	10	4	YDC650
＊M15-04	97	50	150	115		55	150	50	10	4	YDC1500A
＊M15-05	107	50	165	135		55	170	50	12	4	YDC1500A
＊M15-06、07	127	50	190	160	140	70	200	50	12	4	YDC1500A
＊M15-08	145	53	230	180	160	80	240	60	14	5	YDC2000
＊M15-09	155	53	240	190	170	80	240	60	14	5	YDC2000
＊M15-10	165	53	250	210	180	80	270	60	16	6	YDC2500A
＊M15-11、12	165	55	260	210	180	90	270	60	16	6	YDC2500A
＊M15-13	175	58	260	210	190	90	270	60	16	6	YDC3000
＊M15-14	185	60	270	220	190	90	270	60	16	6	YDC3000
＊M15-15	185	62	290	230	210	90	290	60	16	6	YDC4000A
＊M15-16	195	62	290	230	210	90	290	60	16	6	YDC4000A
＊M15-17	195	62	310	265	220	100	310	60	18	7	YDC4000A
＊M15-18、19	206	65	310	265	220	100	310	60	18	7	YDC4600A
＊M15-22	226	70	330	265	230	120	330	60	20	7	YDC4600A
＊M15-24	237	75	330	280	240	120	380	60	20	7	YDC6500
＊M15-25、27	247	90	380	300	250	120	380	60	20	7	YDC6500
＊M15-31	277	90	390	355	300	130	390	70	22	8	YDC6500
＊M15-37	287	100	430	435	320	140	430	70	22	8	YDC8000
＊M15-44	327	110	460	465	350	160	460	70	22	8	YDC10000
＊M15-55	360	120	530	515	405	160	530	70	25	9	YDC12000

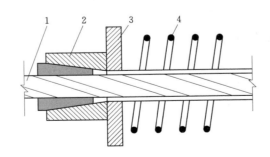

图10-2　单孔夹片锚固结构示意图
1—钢绞线；2—单孔夹片锚具；3—承压钢板；4—螺旋筋

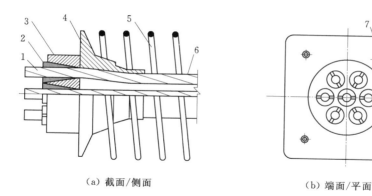

（a）截面/侧面 　　　　　　　　（b）端面/平面

图 10-3　多孔夹片锚固结构示意图

1—钢绞线；2—夹片；3—锚板；4—锚垫板；5—螺旋筋；6—金属波纹管；7—灌浆孔

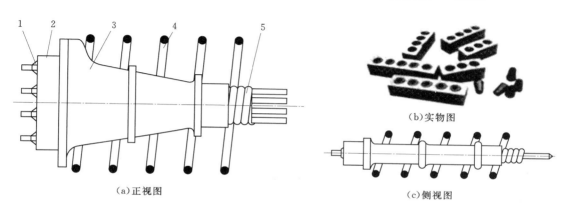

（a）正视图 　　　　　　　　　（c）侧视图

（b）实物图

图 10-4　扁锚结构示意图

1—夹片；2—扁锚板；3—扁锚垫板；4—扁螺旋筋；5—扁波纹管

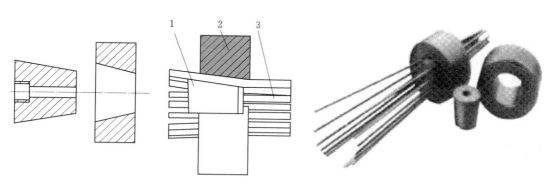

图 10-5　钢质锥形锚结构示意图

1—锚塞；2—锚圈；3—钢丝

（1）单孔夹片锚固体系。

（2）多孔夹片锚固体系。

（3）扁形锚固体系［＊BM15（13）-X］。扁形锚具主要用于桥面横向预应力、空心板、低高度箱梁。使用它们可使后张构件厚度变薄，避免群锚体系锚下预应力过于集中，锚具两个方向尺均较大的缺点，使应力分布更加均匀合理，其系列参数见表 10-4。扁形锚采用前卡式 QYC230（或 QYC270、QYC300）的顶单根张拉。

表 10-4 　　　　　　　　　　　* BM15(13) 扁锚系列参数表 　　　　　　　　　单位：mm

锚具型号	扁锚板		扁波纹管（内径）		扁锚垫板			扁螺旋筋			
	A	B	C	D	E	F	L	G	H	n	t
* BM15（13）-2	85	47	52	22	160	70	140	160	100	5	45
* BM15（13）-3	120	47	65	22	180	70	150	180	100	5	45
* BM15（13）-4	160	47	74	22	220	80	210	220	100	5	45
* BM15（13）-5	200	47	90	22	260	80	270	260	100	5	45

（4）HM15 环锚锚固体系。HM15 环锚是针对水利水电工程中压力输水洞、圆形水池等结构施加预应力而开发的锚固体系，其技术参数见表 10-5。

表 10-5 　　　　　　　　　　　　HM15 环形锚技术参数表

型　号	工作锚环尺寸/mm			配用张拉千斤顶型号
	长	宽	高	
HM15-2	160	50	65	QYC270
HM15-4	160	90	80	YDC1100
HM15-6	160	130	100	YDC1500
HM15-8	210	160	120	YDC2500
HM15-12	290	180	120	YDC2500
HM15-14	320	180	125	YDC3500

10.1.3.2　锥塞式锚具

钢质锥形锚具。DGZ 型钢质锥型锚具，可锚固标准强度为 1570MPa、1670MPa 的 ϕ5mm、ϕ7mm 高强钢丝束，配用 YC850、YC1500 千斤顶、ZB50 油泵张拉顶压锚固。

DGZ 锚具由锚环、锚塞及锚具板三部分组成。其工作原理是通过张拉预应力钢丝顶压锚塞，把钢丝楔紧在锚圈与锚塞之间，借助摩擦力传递张拉力，同时利用钢丝回缩力带动锚塞向锚圈内滑行，使钢丝进一步楔紧。钢质锥形锚具现已较少使用，其结构见图 10-5，设计参数见表 10-6。

表 10-6 　　　　　　　　　　　钢质锥型锚具系列设计参数表 　　　　　　　　　单位：mm

型号	材料规格	钢丝根数	D	H	张拉机具
DGZ5-12	ϕ5	12	ϕ90	50	YC650 千斤顶、ZB2-50 油泵
DGZ5-18	ϕ5	18	ϕ98	50	YC650 千斤顶、ZB2-50 油泵
DGZ5-24	ϕ5	24	ϕ108	53	YC650 千斤顶、ZB2-50 油泵
DGZ5-28	ϕ5	28	ϕ117	53	YC850 千斤顶、ZB2-50 油泵
DGZ5-30	ϕ5	30	ϕ136	53	YC850 千斤顶、ZB2-50 油泵
DGZ7-12	ϕ7	12	ϕ110	57	YC850 千斤顶、ZB2-50 油泵
DGZ7-24	ϕ7	24	ϕ130	57	YC850 千斤顶、ZB2-50 油泵

10.1.3.3 支撑式锚具

（1）（DM）镦头锚固体系。DM 型镦头锚体系包括锚具：A 型、B 型和 C 型（见图 10-6），可锚固标准强度为 1570MPa、1670MPa 的 5mm、7mm 高强钢丝束，用于后张拉预应力混凝土构件中。钢丝镦头成型采用 LD 系列镦头器，配套 YC、YDC 系列张拉千斤顶及 YBZ2×2/50 型电动油泵。

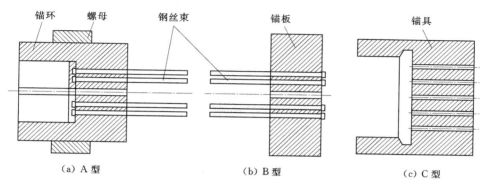

（a）A 型 　　　　　　　（b）B 型 　　　　　　　（c）C 型

图 10-6　墩头锚具图

（2）（YGM）精轧螺纹钢筋锚具。YGM 型锚具用于 Ⅱ、Ⅲ、Ⅳ、ϕ25mm、ϕ32mm 精轧螺纹钢筋的张拉锚固（见图 10-7），其参数见表 10-7。

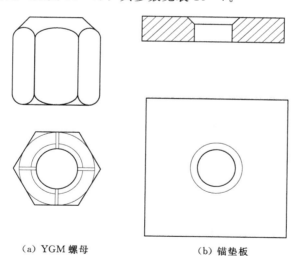

（a）YGM 螺母　　　　　　　（b）锚垫板

图 10-7　YGM 锚具图

表 10-7　　　　　　　　　　　　**YGM 锚具参数表**

型　号	YGM 螺帽尺寸/mm					锚垫板尺寸/mm		
	D	S	H	ϕ	h	A	b	d
YGM25	55	48	60	30	13	120	24	32
YGM32	65	58	70	40	13	140	24	38

（3）P 型挤压锚。固定端 P 型锚具是用挤压机将挤压锚压结在钢绞线上的一种固定端

锚具，配合 GYJ500 型挤压机锚固。P 型挤压锚锚固体系包括挤压锚、螺旋筋、锚板、约束圈等（见图 10 - 8）。

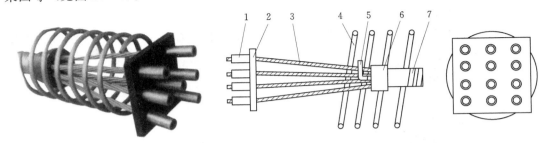

（a）P 型挤压锚实物　　　　　　　　　（b）P 型挤压锚结构

图 10 - 8　P 型挤压锚具结构示意图

1—挤压锚；2—固定锚板；3—钢绞线；4—螺旋筋；5—排气管；6—约束圈；7—波纹管

10.1.3.4　握裹式

DMl5（13）H 型锚具是利用轧花机将钢绞线端头轧成梨形头的一种锚具，它预埋在混凝土内，按需要排布，作为后张法固定端的一种结构，在预应力结构中需与张拉端锚具配套使用。采用 H 型锚固体系，可按需做成正方形、长方形等多种排列形式，梨形自锚头用 CYH15 型轧花机成形，H 型钢绞线扎花锚具见图 10 - 9。

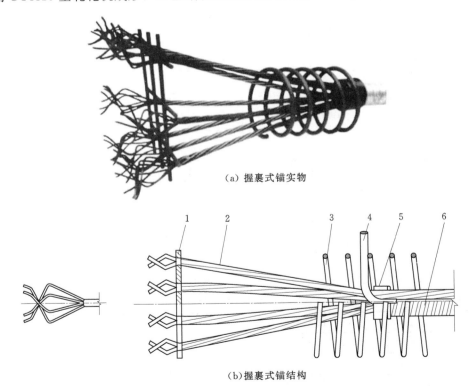

（a）握裹式锚实物

（b）握裹式锚结构

图 10 - 9　H 型钢绞线扎花锚具示意图

1—垫板；2—钢绞线；3—螺旋筋；4—排气孔；5—约束圈；6—波纹管

10.1.3.5 夹具

夹具一般适用于小吨位的钢丝预应力筋，夹具要夹紧可靠，能快速夹紧与松开，方便将钢丝取出。夹具形式有锥形夹具、楔块式夹具，对单根钢丝也可采用钳式偏心夹具，对钢丝排列成组的可以采用压板式波形夹具。

10.1.3.6 连接器

连接器主要分为单根钢绞线连接器、多根钢绞线连接器、精轧螺纹钢筋连接器和精轧螺纹钢筋与钢绞线连接器（见图 10-10～图 10-13）。

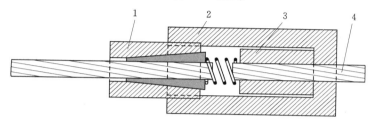

图 10-10 单根钢绞线连接器示意图

1—带外螺纹的锚环；2—带内螺纹的套筒；3—挤压锚具；4—钢绞线

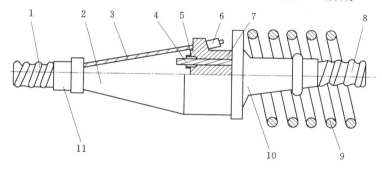

图 10-11 多根钢绞线连接器示意图

1—波纹管；2—保护罩；3—连接钢绞线；4—待连接钢绞线；5—工作夹片；6—挤压锚；
7—连接器体；8—波纹管；9—螺旋筋；10—锚垫板；11—加强环

10.1.4 制孔器

后张法预应力孔道成型的方式有：抽拔芯管成孔、预埋成孔材料成孔。其中抽拔芯管成孔法所用材料有钢管抽拔管（用于直线形预应力筋孔道）和橡胶抽拔管两种。橡胶拔管一般采用夹有 7～9 层帆布、壁厚 8～10mm 的高强胶管。预埋成孔法成孔所用材料有薄皮钢管、金属波纹管以及塑料波纹管等。金属波纹管系采用厚度 0.25～0.30mm 的镀锌或不镀锌低碳钢螺旋咬口卷制而成，截面形状有圆形和扁形两种，内径尺寸系列从 40～160mm，相邻规格内径差 5mm。塑料波纹管是由高密度聚乙烯挤压成型，规格型号与金属波纹管基本相同。

图 10-12 精轧螺纹钢筋连接器图

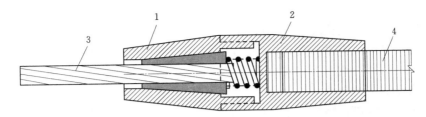

图 10-13　精轧螺纹钢筋与钢绞线连接器示意图

1—带外螺纹的锚环；2—带内锚纹的套筒；3—钢绞线；4—精轧螺纹钢筋

10.1.5　张拉设备和量测设施

10.1.5.1　预应力张拉设备

预应力张拉设备包括张拉千斤顶、张拉油泵及配套的限位板或顶压器。在施工时要保证工作锚具与限位板（或顶压器）、千斤顶、工具锚板配套使用。特别是要保证工作锚板与限位板、工具锚板孔位布置一致，以免造成钢绞线通过孔位不顺形成过大的摩阻损失。

（1）张拉千斤顶。液压千斤顶是在预应力施工中，对预应力钢筋施加预加应力的设备。该设备主要分为顶推式千斤顶、穿心式千斤顶、前卡式千斤顶。

目前用于群锚预应力张拉常见的有 YCW、YDC 型等系列穿心式预应力千斤顶，如 YCW（600、1200、1500、2500、3000、4000、4600、6500、8000、10000、12000）型，YDC（650、1500、2000、2500、3000、4000 等）型，其施工尺寸见表 10-8。各系列根据其额定张拉力、额定压力、行程进行编号，如 YCW3000/200，其中 YCW 为千斤顶类型代码即预应力穿心式千斤顶的缩写；3000 为该千斤顶的额定张拉力为 3000kN；200 为该千斤顶的行程是 200mm。使用时根据张拉力的大小选用，当配用不同的附件时，可适用于张拉 XM、OVM 型夹片群锚等锚具。

表 10-8　　　　常用的一种 YDC 型穿心式千斤顶施工尺寸表

型号规格	公称张拉力 /kN	公称油压 /MPa	穿心孔径 /mm	装限位板孔径 /mm	装工具锚孔径 /mm	外形尺寸 /(mm×mm)
YDC650	650	48	72	99	95	$\phi200×385$
YDC1000	1000	50	78	111	111	$\phi236×400$
YDC1500	1500	52	94	150	150	$\phi265×370$
YDC2000	2000	53	118	177	177	$\phi318×340$
YDC2500	2500	52	128	210	185	$\phi340×380$
YDC3000	3000	54	135	190	185	$\phi373×360$
YDC3500	3500	51	162	232	232	$\phi420×360$
YDC4000	4000	52	175	252	252	$\phi440×410$
YDC5000	5000	52	230	260	265	$\phi510×390$
YDC6500	6500	53	215	295	235	$\phi580×435$
YDC10000	10000	50	270	440	415	$\phi740×570$

QYC 型前卡式千斤顶，是一种多用途的预应力张拉设备。操作方便，主要用于单孔张拉，也可用于多孔预紧、张拉和排障，并适用于多种规格的高强度钢丝束及钢绞线。其主要使用参数见表 10-9。

表 10-9　　　　　　　　　　　前卡式千斤顶主要使用参数表

型号	公称张拉力/kN	张拉行程/mm	额压油压/MPa	张拉缸面积/cm²	穿心孔径/cm	外形尺寸/(mm×mm)	最小工作空间		钢绞线预留长度K/mm
---	---	---	---	---	---	---	L/mm	E/mm	
QYC270	270	200，150	63	37.7	φ18	φ150×565	700	80	200
QYC300	300	200	59	51	φ18	φ115×580	750	90	200

YZ85 型千斤顶，可直接张拉顶锚配有 24 丝以下的钢质锥形（弗氏锚）锚具的 45 — 高强钢丝束，如果改变千斤顶的卡丝盘和分丝头，也可张拉其他规格的高强钢丝束，按张拉行程不同，分为 YZ85.250 型、YZ85.400 型等。

为保证预应力张拉设备的使用性能可靠，配用预应力千斤顶的额定张拉值宜比预应力筋的控制张拉力大 30% 以上。如张拉 5～7 根钢绞线采用相同孔数的 OVM15-5-7 型锚具，用 YCW150 型千斤顶。

（2）电动油泵及压力表的选用。现阶段预应力张拉均采用 ZB 型柱塞式超高压油泵作为千斤顶、镦头器、挤压机、轧花机等液压装置的动力源，额定压力有 50MPa 和 63MPa 两种。选择时需要与各种张拉、牵引千斤顶配套使用，要防止选择的油泵压力过大损坏高压油管及千斤顶。油泵的规格形式是：ZB 2×2/50 型，其中 ZB 为设备代号；第一个 2 指额定流量为 2L/min；第二个 2 指供油油路数为 2 个；50 指额定压力为 50MPa。

1）ZB4-50 型电动油泵，可与额定压力小于 50MPa、额定张拉力小于 4000kN、行程小于 500mm 的各种千斤顶及镦头器配套，配用量程 60MPa 的 Y-150 型压力表。

2）ZBI/63 型油泵。适用于狭小空间及高空场合，常与吨位不大的千斤顶配套，配用量程 80MPa 的 Y-150 型压力表。

（3）限位板。限位板是位于工作锚和张拉千斤顶之间的一个施工装置（见图 10-

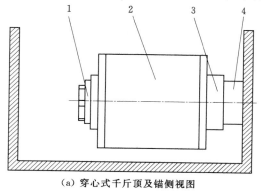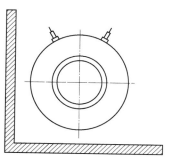

（a）穿心式千斤顶及锚侧视图　　　　　（b）穿心式千斤顶轴视图

图 10-14　预应力施工机具设备安装图

1—工具锚；2—穿心式千斤顶；3—限位板式顶压器；4—工作锚

14）。它主要是限制张拉钢绞线时将工作夹片带出的位移量，以保证在张拉时钢绞线与工作夹片之间的咬合力适中（如带出太多，夹片过松，张拉完毕后钢绞线不能将夹片有效带回锚固失锚或过大的回缩损失；相反就会造成夹片咬合钢绞线太紧将钢绞线和夹片刮伤，造成锚固实效或在孔口形成巨大的摩阻损失），已达到张拉完毕钢绞线放张时能将夹片顺利地带回锚固端的目的。它适用于 20m 长以上的预应力筋且采用两片式夹片的锚具的预应力工程施工。

对长度为 20m 以内的预应力筋采用限位板控制夹片松紧，其回缩量占其伸长量的比例过大，会产生过大的回缩损失；如采用三夹片式有可能不能锚固。故对较短的预应力筋和采用三夹片式锚具要求采用顶压器进行夹片的控制。其原理是在张拉油泵上设置一个三通阀，待张拉千斤顶张拉完毕后关闭张拉阀门，打开顶压器阀门对夹片进行顶压。采用这种结构可以有效降低失锚和预应力的回缩损失，顶压器见图 10-15。

图 10-15　顶压器

10.1.5.2　量测设施

张拉油泵配置的压力表量程应与油泵压力配套，其精度不低于 1.5 级。每个压力表必须要与对应的千斤顶配套定期标定。标定时压力表的精度不宜低于 1.5 级，测力计精度宜 ±2% 以内，标定值与理论值误差要控制在 ±2% 以内，最大不能超过 ±3%（理论计算值＝压力表读数×千斤顶张拉缸面积）。张拉机具受到碰撞及出现异常，应随时全部重新标定。

10.2　先张法施工

先张法是在浇筑混凝土前张拉预应力筋，并将张拉的预应力筋临时锚固在台座或钢模上，然后浇筑混凝土，待混凝土养护达到不低于混凝土设计强度值的 75%，保证预应力筋与混凝土有足够的黏结时，放松预应力筋，借助于混凝土与预应力筋的黏结，对混凝土施加预应力的施工工艺。先张法一般仅适用于生产中小型构件，在固定的预制厂生产。

先张法生产构件可采用长线台座法，一般台座长度在 50～150m 之间，或在钢模中机组流水法生产构件。

10.2.1 台座

台座在先张法构件生产中是主要的承力构件，它必须具有足够的承载能力、刚度和稳定性，以免因台座的变形、倾覆和滑移而引起预应力的损失，以确保先张法生产构件的质量。

台座的形式繁多，因地制宜，但一般可分为墩式台座和槽式台座两种。

10.2.1.1 墩式台座

墩式台座由承力台墩、台面与横梁三部分组成，其长度宜为 $50\sim150m$。台座的承载力应根据构件张拉力的大小，可按台座每米宽的承载力为 $200\sim500kN$ 设计台座。

（1）承力台墩。承力台墩一般埋置在地下，由现浇钢筋混凝土做成。台座应具有足够的承载力、刚度和稳定性，台墩的稳定性验算包括抗倾覆验算和抗滑移验算。

台墩的坑倾覆验算，其计算见图 10-16，按式（10-1）进行计算：

$$K_1 = \frac{M_1}{M} = \frac{GL + E_p e_2}{T e_1} \tag{10-1}$$

式中　K_1——抗倾覆完全系数，应不小于 1.50；

M——倾覆力矩，$N\cdot m$，由预应力筋的张拉力产生；

T——预应力筋的张拉力，N；

e_1——预应力筋的张拉力合作用点至倾覆点的力臂，m；

M_1——抗倾覆力矩，$N\cdot m$，由台墩自重和主动土压力等产生；

G——台墩的自重，N；

L——台墩重心至倾覆点的力臂；

E_p——台墩左侧面主动土压力的合力，N，当台墩埋置深度很浅时，可忽略不计；

e_2——主动土压力合力重心至倾覆点的力臂，m。

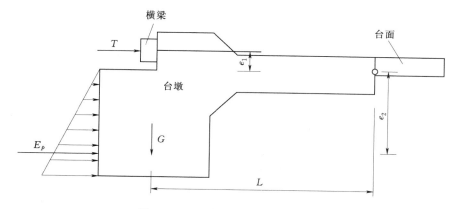

图 10-16　承力台墩抗倾覆计算图

台墩的倾覆点 O 的位置，对于台墩与台面共同作用的台座，按实际情况，倾覆点应在混凝土台面的表面处，但考虑到台墩倾覆趋势使得台面端部顶点处有可能出现应力集中和混凝土面层的施工质量的影响。因此，倾覆点宜取在混凝土台面往下 $40\sim50mm$ 处。

台墩抗滑移验算，其计算见图 10-17，按式（10-2）进行计算：

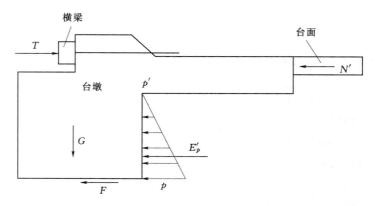

图 10-17 承力台墩抗滑移计算图

$$K_2 = \frac{N_1}{T} = \frac{N' + E'_p + F}{T} \qquad (10-2)$$

式中　K_2——抗滑移安全系数，应不小于 1.30；

　　　N_1——抗滑移力，一般应有台面的抗滑移力 N'，台面右侧面的被动土压力的合力 E'_p 和台墩自重产生的摩阻力 F 组成，其中以 N' 为主要抗滑移力，提供以下数据供参考。

当台面采用 C10～C15 混凝土时，厚 60mm，台面每米宽抵抗能力取 150～250kN；

当台面采用 C10～C15 混凝土时，厚 80mm，台面每米宽抵抗能力取 200～250kN；

当台面采用 C10～C15 混凝土时，厚 100mm，台面每米宽抵抗能力取 250～300kN；

当采用混凝土台面，并与合墩共同工作时，一般可不进行抗滑移验算，而应验算台面的承载能力。

（2）台面。台面一般是在夯实的碎石垫层上浇筑一层厚度为 60～100mm 的混凝土而成。其水平承载力 N' 可按式（10-3）计算：

$$N' = \frac{M_1}{M} = \frac{\phi A_c f_c}{K_1 K_2} \qquad (10-3)$$

式中　ϕ——轴心受压纵向弯曲系数，取 $\phi = 1$；

　　　A_c——台面截面面积，m^2；

　　　f_c——混凝土轴心抗压强度计算值，MPa；

　　　K_1——台面承载力超载系数，取 $K_1 = 1.2$；

　　　K_2——考虑台面不均匀和其他影响因素的附加完全系数，取 $K_2 = 1.5$。

台面伸缩缝可根据当地温差和经验设置，一般均为 10m 设置一道。也可采用预应力滑动台面，不留伸缩缝。预应力滑动台面，一般是在原有的混凝土台面或新浇筑的混凝土基层上刷隔离剂，张拉预应力钢丝后，浇筑混凝土面层，待混凝土达到放张强度后，切断钢丝台面就发生滑动，这种台面使用效果良好。

（3）横梁。台座的两端设置固定预应力钢丝的钢制横梁，一般用型钢制作，在设计横梁时，除考虑在张拉力的作用下有一定的强度外，应特别注意其变形，以减少预应力损失。

10.2.1.2 槽式台座

槽式台座由钢筋混凝土压杆、横梁及台面组成（见图10-18）。台座的长度一般不超过50m，承载力可大于1000kN以上。为了方便施工和蒸汽养护，槽式台座一般低于地面。在施工现场还可利用已预制的柱、桩等构件装配成简易的槽式台座。

先张法构件生产中，张拉预应力钢绞线时，在槽式台座中常采用三横梁式成组张拉装置，用千斤顶张拉（见图10-19）。它是在预制构件区采用设计的预应力钢绞线，两端采用精轧螺纹钢，之间采用连接器连接。张拉后精轧螺纹钢利用螺帽支撑在横梁上。精轧螺纹钢、精轧螺纹钢螺帽及连接器都可以重复使用。这样可以大大地减少两端的钢绞线损耗量。

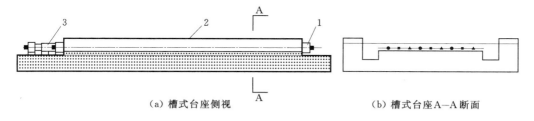

（a）槽式台座侧视 　　　　　　（b）槽式台座A—A断面

图10-18　槽式台座示意图
1—横梁；2—压杆；3—千斤顶

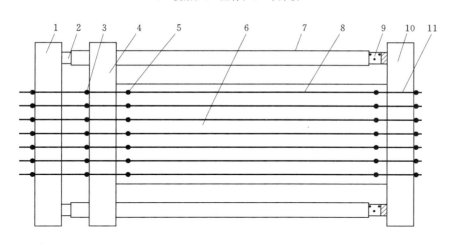

图10-19　三横梁式成组张拉装置示意图
1—张拉横梁；2—千斤顶；3—精轧钢螺帽；4—中横梁；5—连接器；6—台座；
7—支架；8—钢绞线；9—放张装置（砂箱）；10—后横梁；11—精轧螺纹钢

10.2.2　先张法施工工艺

先张法预应力混凝土构件在台座上生产时，其工艺流程见图10-20。

10.2.3　预应力筋制作

预应力混凝土先张法工艺的特点是：预应力筋在浇筑混凝土前张拉，预应力的传递依靠预应力筋与混凝土之间的黏结力，为了获得良好质量的构件，在整个生产过程中，除确

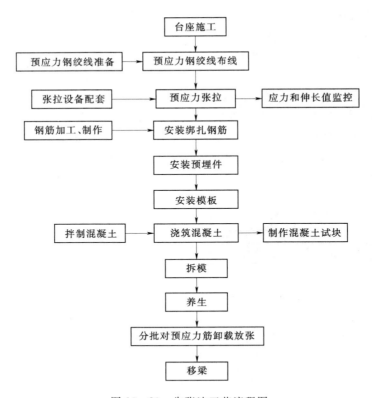

图 10-20　先张法工艺流程图

保混凝土质量以外，还必须确保预应力筋与混凝土之间的良好黏结，使预应力混凝土构件获得符合设计要求的预应力值。

对于碳素钢丝因其强度很高，且表面光滑，它与混凝土黏结力较差。因此，必要时可采取刻痕和压波措施，以提高钢丝与混凝土的黏结力。压波一般分局部压波和全部压波两种，施工经验认为波长取 39mm，波高取 1.5～2.0mm 比较合适。

为了便于脱模，在铺放预应力筋前，在台面及模板上应先刷隔离剂，但应采取措施，防止隔离剂污损预应力筋，影响黏结。

一次张拉法需要注意以下问题：

（1）钢丝下料。采用镦头锚具时，钢丝的等长要求较严。同束钢丝下料长度的相对差值（指同束最长与最短钢丝之差）不应大于 $L/5000$（L 为钢丝下料长度），且不宜大于 5mm，钢丝下料可用钢管限拉法或用牵引索在拉紧状态下进行。

（2）刻痕钢丝与钢绞线下料。应采用砂轮切割机，不应采用电弧切割。对需要镦头的刻痕钢丝，其切割面应与母材垂直。钢绞线切割后，其端头应不松散。

10.2.4　预应力筋张拉

预应力筋的张拉可采用单根张拉或多根同时张拉，当预应力筋数量不多，张拉设备拉力有限时常采用单根张拉。当预应力筋数量较多且密集布筋，另外张拉设备拉力较大时，则可采用多根同时张拉。在确定预应力筋张拉顺序时，应考虑尽可能减少台座的倾覆力矩和偏心力，从台座中间向两侧进行（防偏心损坏台座）。此外，在施工中为了提高构件的抗裂性能或为了部分抵消由于应力松弛、摩擦、钢筋分批张拉以及预应力筋与张拉台座之间温度因素产生的预应力损失，张拉应力可按设计值提高5%。但预应力筋的最大超张拉值：对于冷拉钢筋不得大于 $0.95f_{pyk}$（f_{pyk} 为冷拉钢筋的屈服强度标准值）；碳素钢丝、刻痕钢丝、钢绞线不得大于 $0.80f_{pyk}$；热处理钢筋、冷拔低碳钢丝不得大于 $0.75f_{pyk}$（f_{pyk} 为预应力筋的极限抗拉强度标准值）。

预应力筋的张拉力方法有超张拉法和一次张拉法两种。

超张拉法：$0 \rightarrow 1.05\sigma_{con}$ 持荷 2min $\rightarrow \sigma_{con}$。

一次张拉法：$0 \rightarrow 1.03\sigma_{con}$。

张拉包括下列内容：

（1）张拉时应校核预应力筋的伸长值，实际伸长值与设计计算值的偏差不应超过±6%，否则应停拉。

（2）多根成组张拉，初应力应一致（测力计抽查）。

（3）拉速平稳，锚固松紧一致，设备缓慢放松。

（4）冬施张拉时，温度不大于-15℃。

（5）注意安全，两端及台面两侧严禁站人，敲击楔块不应过猛。

10.2.5 混凝土浇筑

（1）预应力筋张拉结束后立即浇筑混凝土。混凝土宜采用525号普通硅酸盐水泥与早强硅酸盐水泥，一级配骨料，中粗砂，砂率10～30mm，采用半干硬性混凝土，坍落度1～3cm。

（2）混凝土要振捣密实，不能漏振或过振，振捣时严禁振捣棒碰撞预应力筋。

10.2.6 预应力筋的放张

预应力筋放张过程是预应力的传递过程，是先张法构件能否获得良好质量的一个重要环节，应根据放张要求，确定合宜的放张顺序、放张方法及相应的技术措施。

（1）放张要求。放张预应力筋时，混凝土强度必须符合设计要求，当设计无专门要求时，不得低于设计的混凝土强度标准值的75%。放张过早由于混凝土强度不足，会产生较大的混凝土弹性回缩而引起较大的预应力损失或钢丝滑动。预应力筋的放张顺序应符合设计要求，设计未规定时，应分阶段、对称、相互交错地放张。在预应力筋放张之前，应将限制位移的侧模、翼缘模板或内模拆除，让预应力构件自由压缩，避免过大的冲击与偏心。

（2）放张方法。对长台座预应力筋宜采取两端同时放张，以减少单端放张预应力筋过大的回缩对构件拉动造成的影响或破坏。单根钢筋采用拧松螺母的方法放张时，宜先两侧后中间，并不应一次将一根力筋松完。多根整批预应力筋的放张，所有预应力筋应同时放张，可采用砂箱法或千斤顶法。

采用砂箱法箱中应采用干砂，并有一定级配，例如其细度通过50号及30号标准筛的砂，按6：4的级配使用，这样既能保证砂子不易压碎造成流不出的现象，又可减少砂的空隙率，从而减少使用时砂的压缩值，减小预应力损失。用砂箱放张时，使砂缓慢流出，放砂速度应均匀一致，从而达到缓慢放张的目的；图 10-21 的砂箱是按 1600kN 设计的一个例子，它由钢制套箱及活塞（套箱内径比活塞外径大 2mm）等组成，内装石英砂或铁砂。当张拉钢筋时，箱内砂被压实，承担着横梁的反力。

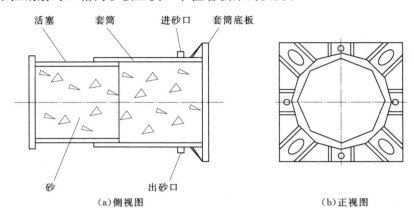

图 10-21　砂箱结构设计图

用千斤顶放张时，先将千斤顶顶出一定的行程，然后将精轧螺纹钢筋（或螺杆）逐根拧紧在张拉的前横梁上，再用千斤顶对前横梁进行顶张，直至中横梁上精轧螺纹钢螺帽松动，逐步拧松中横梁上锚固的螺帽，再分步松开千斤顶进行放张。

采用湿热养护的预应力混凝土构件宜热态放张，不宜降温后放张。

钢筋放张后，可用乙炔—氧气切割，但应采取措施防止烧坏钢筋端部。钢丝放张后，可用切割、锯断或剪断的方法切断；钢绞线放张后，可用砂轮锯切断。

长线台座上预应力筋的切断顺序，应由两端开始，逐次向中间切割。

10.3　后张法施工

后张法是先浇筑混凝土，待混凝土强度达到设计规定的数值后，然后对预应力筋张拉，张拉力由锚具传给混凝土构件而使之产生预压力。后张法预应力筋采用光面钢筋、光面钢丝或钢绞线，分为无黏结预应力筋和有黏结预应力筋。无黏结预应力筋的表面涂有沥青、油脂或专门的润滑防锈材料，用纸袋或塑料袋包缠，或套以软塑料管，使之与周围混凝土隔离，和普通钢筋一样直接安放在模板中灌筑混凝土，等混凝土达到规定强度后进行张拉。无黏结筋常用于预应力筋分散配置的构件或结构如大跨度双向平板、双向密肋楼盖等。后张有黏结预应力筋是在混凝土浇筑时，在设计预应力筋部位预留孔道，待混凝土达到一定强度后在预留孔道中穿入预应力筋，待张拉锚固后通过灌浆而恢复与周围混凝土黏结的预应力筋。有黏结筋常用于预应力筋配置比较集中，每束的张拉力吨位较大的构件或结构。

10.3.1　工艺流程

后张法工艺流程见图 10-22。

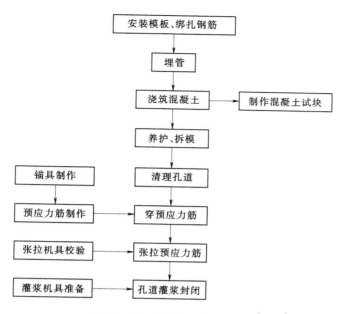

图 10-22 后张法工艺流程图

10.3.2 后张法预应力筋的孔道形成

预应力筋管道可以采用埋设钢管或金属波纹管，或在混凝土中抽拔成孔。管道固定，可利用结构钢筋，必要时应设置专门支撑。要求预埋位置准确；内壁光滑；端部预埋钢板垂直于孔道轴线（中心线）；直径、长度、形状满足设计要求。

（1）预埋管道法。将专门的薄壁钢管或其他管按规定位置埋设在混凝土中与混凝土黏结在一起形成孔道。管道截面一般为圆形，也有矩形或椭圆形。管壁呈有规律的螺旋形状，以增大与外围混凝土和内部灌浆的黏结力。管道应有良好的水密性，接头严密，以防止灌筑混凝土时浆体渗入。波纹管道固定井字架钢筋间距 $a \geq 0.5$m，保证管道有一定刚度；灌浆孔间距不小于 30m；波峰设排气泌水管。

（2）抽拔成孔法。将表面光滑的钢管或充压力水膨胀的橡胶管埋设在混凝土中，待混凝土抗压强度达到 0.4~0.8MPa（一般采用指压开始无痕时）后抽出，形成孔道。钢管抽拔前要经常转动。柔性橡胶管卸去压力水后即可从混凝土中拔出，直线孔道、曲线孔道都可成型。

1）钢管抽芯法（直孔）。钢管应平直、光滑，用前刷油；每根长不小于 15m，每端伸出 500mm；两根接长，中间用木塞及套管连接；用钢筋井字架固定，间距不小于 1m；浇混凝土后每 10~15min 转动 1 次；混凝土初凝后、终凝前抽管；抽管先上后下，边转边拔（灌浆孔间距不小于 12m）。

2）胶管抽芯法。用于长孔或曲线孔。有一定刚度或充压；钢筋井字架间距不小于 0.5m；混凝土达一定强度后拔管。

浇筑混凝土时严禁吊罐碰撞预应力管道；振捣器离管道应用一定距离，以免管道变形或损坏，浇筑时要防止砂浆进入孔道。

10.3.3　预应力筋制作与穿索

（1）锚束制作。

1）热处理钢筋、冷拉Ⅳ级钢筋及钢绞线下料切断时，宜采用砂轮锯切或切断机切断，不得采用电弧切割。钢绞线切断前，在切口两侧各 50mm 处，应用铅丝绑扎，以免钢绞线松散。

2）钢丝下料长度应经计算，要考虑各种锚具的特性、锚固形式、张拉伸长值、构件长度等因素的影响，并根据实际情况和试验确定。当采用 YC-60 型千斤顶张拉，用 JM 型、XM 型锚具锚固时，预应力筋的下料长度应等于构件孔道加上两端为张拉、锚固所需的外露长度（即张拉千斤顶的长度和千斤顶尾部锚固钢筋的锚固长度）。

镦头锚具钢丝的下料，长度误差控制在 1/3000～1/8000 之间，下料后断面应与母材垂直。钢丝下料前如有弯曲（1m 长范围内，弯曲矢高大于 5mm），应作调直处理。

3）编束：预应力筋按要求的根数编制成束。编束时应逐根排列理顺、严防交叉扭结，保证在穿束及张拉时不致紊乱。梳理顺直后随即用镀锌铁丝绑扎，间距为 1～2.0m，钢束两端各 2m 区段内要加密至 50cm，在穿束时宜采用束网套穿束。

（2）穿束。对长度 50m 以内较短、较轻的锚束可由人工穿束；对长度 50m 以上水平穿束可用卷扬机拉拔，垂直穿束可借助起吊设备，倾斜的孔道可由卷扬机与起吊设备同时进行；一般是先用人工或用穿束机穿入一根钢绞线，利用穿入的钢绞线把卷扬机上的钢丝绳拉入孔内，当钢丝绳从另一端伸出孔道后将其与钢束的牵引接头相连，用卷扬机缓缓将钢束拉进管内。为防止钢索弯折，在张拉的孔位附近要设立专门钢束滚筒托架。

预应力索一般是在混凝土浇筑好达到一定强度后将孔道清理顺畅后再穿入。也可将预应力束先穿入管道，然后浇筑混凝土，但必须确保管道完整，不漏浆。为便于穿束，束头可以采用锚束端头套导向帽，也可以焊接成一个圆锥形束头，束头焊接长度要短，并用砂轮磨圆。注意在焊制束头时，要在附近包裹麻布，并不断浇水隔温，以免损伤钢绞线，其保护长度为 30cm。

10.3.4　张拉与锚固

（1）张拉前的准备工作。

1）检查待张拉的结构制作质量，混凝土强度至少不得低于设计强度的 75％。

2）检查锚垫板下混凝土浇筑是否密实，对张拉部位垫板周围进行清理，以使锚板与垫板保持最佳吻合状态。

3）检查构件下部模板支撑是否会对张拉后梁体弹性压缩产生阻碍。

4）搭设张拉操作台，要求操作台安全牢固，并便于千斤顶吊装和转移。

5）在张拉端设置安全防夹片弹出挡板，以及醒目的安全警戒线，千斤顶后方严禁人员进入，防止钢筋断裂弹出伤人。

6）锚具的检验，要检验锚板与夹片的外形及锥孔有无问题及一定数量的硬度检验。

（2）张拉程序。安装工作锚板→安夹片→安限位板（或顶压器）→安千斤顶→安工具锚→张拉（两端同时张拉）→顶压锚固（两端同时顶锚）。

锚具使用前必须清洗干净，表面及内壁不应有杂质。

安装夹片时应轻轻敲打，使夹片端部平齐，三块平片间隙不得夹有钢丝，保持相同的隙缝。

工具锚夹片表面要均匀地抹上石蜡，以便张拉后自动退锚，根据实际使用情况确定工作平片使用次数，一般为 5～8 次。

（3）张拉要求。张拉先后顺序，应按设计进行。一般应对称张拉，以免结构承受过大的偏心压力，必要时可分批、分阶段进行。

采用分批张拉时，应计算分批张拉的预应力损失值，分别加到先张拉钢丝的张拉控制应力值内，或采用同一张拉值时需逐根复拉补足；也可在设计中考虑其影响，以简化施工。我国目前的张拉控制应力 σ_k：钢丝及钢绞线为 $0.65～0.7f_{ptk}$，但任何时候，最大超张拉应力不应大于 $0.75f_{ptk}$（f_{ptk} 为钢丝的标准强度）。

平均理论张拉力（单股）：

$$P_G = \frac{P\left[1 - e^{-(kx + \mu\theta)}\right]}{kx + \mu\theta}$$

式中　P——预应力钢材张拉端的张拉力，N；

　　　x——从张拉端至计算截面的孔道长度，m；

　　　θ——从张拉端至计算截面曲线孔道部分切线的夹角之和，rad；

　　　k——孔道每 m 局部偏差对摩擦的影响系数；

　　　μ——预应力钢筋与孔道壁的摩擦系数。

（4）超张拉可减少钢丝松弛的影响，是否超张，应根据锚具夹紧情况决定。如设计无规定时，可用下列程序张拉：

$$0 \rightarrow 105\%\sigma_k \xrightarrow[\text{2min}]{\text{持续}} \sigma_k$$

或

$$0 \rightarrow 103\%\sigma_k$$

（5）曲线预应力筋及长度大于 24m 的直线预应力筋，应在两端张拉。

（6）对预应力张拉时损失较大的预应力筋，在初始张拉后，可考虑暂停一段时间（3～5d）再行张拉，以减少钢丝松弛损失与混凝土收缩徐变损失。

（7）用应力控制方法张拉时，应校核预应力筋的伸长值。

张拉完毕测伸长值，与理论计算值相比，实测伸长值与理论计算值误差应在 −5%～+10% 之间。张拉过程中，必须详细做好记录，并整理纳入技术资料档案。

10.3.5　预应力损失值估算

（1）初期应力损失。预应力束锚固时的钢筋或钢丝束应力损失，由下列因素引起。

1）锚固时预应力筋内缩引起的应力损失，对直线预应力筋，可按下式计算：

$$\sigma_{s1} = \frac{\lambda}{L}E_g$$

式中　σ_{s1}——初期应力损失值，kgf/mm^2；

　　　λ——锚固时预应力筋的内缩量，参见各厂家锚具选用参考表，mm；

　　　L——张拉端至锚固端之间的距离，mm；

　　　E_g——预应力筋的弹性模量，kgf/mm^2。

对曲线预应力筋，计算 σ_{s1} 值时，应考虑反摩擦的影响。

2）预应力筋与孔壁之间的摩擦引起的应力损失，按下式计算：

$$\sigma_{s2} = \sigma_k \left(1 - \frac{1}{e^{kx+\mu\theta}} \right)$$

式中　σ_{s2}——与孔壁摩擦引起的应力损失值，kgf/mm²；

σ_k——张拉控制应力，kgf/mm²；

k——考虑孔道（每米）局部偏差对摩擦的影响系数，参照表 10-10 选取；

x——从张拉端至计算截面的孔道长度，可近似取该段孔道在纵轴上的投影长度，m；

μ——预应力筋与孔道壁之间的摩擦系数，参照表 10-10 选取；

θ——从张拉端至计算截面曲线孔道部分切线的夹解，rad。

表 10-10　　　　　　　　　　　　　　系数 k 和 μ 值

孔道成型方法	k	μ	
		钢丝束、钢绞线、光面钢筋	螺纹钢筋
预埋薄铁管	0.0030	0.35	0.40
钢管抽芯成型	0.0015	0.55	0.60
充压橡皮管抽芯成型	0.0015	0.55	0.60

注　对大吨位预应力束，k 和 μ 值需经试验确定。

对钢质锥形锚具、采用限位板的钢绞线张拉还应考虑锚环口处的附加摩擦损失。

3）预应力筋分批张拉时，先批张拉钢筋受后批张拉时混凝土弹性压缩的影响。

（2）后期应力损失影响因素。

1）预应力筋束的应力松弛。据葛洲坝水利枢纽工程两年统计资料，大型锚束的后期预应力损失，锚固后 5~7d 的应力损失约为 3％，两年的应力损失为 7％~14％（设计按应力损失 13％计算）。如有条件，应通过试验确定。

2）混凝土收缩和徐变。

（3）伸长值校核。预应力筋的计算伸长值可按下列公式计算：

$$\Delta L = \frac{PL}{AE_g}$$

式中　ΔL——预应力筋的计算伸长值，cm；

P——预应力筋的平均张拉力，kgf，对一端张拉的直线筋，可直接取张拉端的拉力，对两端张拉的曲线筋，应取张拉端的拉力与跨中扣除摩擦损失后的拉力平均值；

A——预应力筋的截面面积，cm²；

L——预应力筋有效计算长度，cm；

E_g——预应力筋的弹性模量，kgf/cm²。

预应力筋的实际伸长值宜在初应力约为 $\sigma_k/10$ 时开始量测，但必须加上初应力以下的推算伸长值，并扣除混凝土构件在张拉过程中的弹性压缩值。

采用应力控制方法张拉预应力筋时，应以伸长值进行校核，实际伸长值与理论伸长值的差值应符合设计要求。实际伸长值与理论伸长值的差值应控制在以内，即：

$$|\Delta L_理 - \Delta L_实| \leqslant 6\% \Delta L_理$$

或

$$(1-6\%)\Delta L_理 \leqslant \Delta L_实 \leqslant (1+6\%)\Delta L_理$$

如果校核不满足上式，应暂停张拉，采取重新校准设备、对预应力材料作弹性模量检查或放松钢束重新张拉等方法，待查明原因采取措施后，方可继续张拉。若符合上述校核要求，则表明采用应力控制方法张拉预应力筋时，应力控制是准确可靠的。

回缩值控制在 5mm 以内，若大于 5mm 应检查锚、夹具及千斤顶安装对中和顶压锚固操作工艺。

10.3.6 灌浆

预应力筋张拉结束后，应立即将夹片外露出的钢绞线用砂轮机切除，然后用调成糊状的水泥浆将夹片缝进行封闭，尽快对预应力管道进行灌浆。

10.3.6.1 灌浆材料

灌浆用的水泥一般要求采用强度等级不低于 32.5 级普硅水泥，水灰比 0.4 左右，不得大于 0.45；水泥浆强度不低于 30MPa。水泥浆除应满足强度和黏结力要求外，应具有较大的流动性和较小的干缩性，要求水泥浆 3h 后的泌水率控制在 2%，最大值不应超过 3%。为了减少泌水性和体积收缩，可掺入适量外加剂，如加入 0.25% 木质素磺酸钙、0.5%NNO、0.25%FDN 或 0.005% 铝粉（按水泥重量计）。

10.3.6.2 灌浆设备

灌浆设备主要包括：灰浆搅拌机、压浆泵、真空泵。

灰浆搅拌机：灰浆搅拌机型号较多，具体选型主要取决于施工搅拌的强度。高速搅拌机可以避免灰浆出现的结团，提高灰浆的均匀性和流动性，是预应力灌浆施工的首选，如 JB180 型高速搅拌机、其参数见表 10-11。

表 10-11　　　　　　　　　　　JB180 型高度搅拌机技术参数表

型号	容量/L	转速/(r/min)	功率/kW	搅拌量/(m³/h)	装料高度/mm	外形尺寸（直径×高度）/(mm×mm)	重量/kg
JB180	180	70	2.2	6	980	900×1146	200

压浆泵：进行预应力工程孔道压浆的压浆泵分为活塞式和螺杆式，如灌浆工程量较大可以采用基础处理用的 3SNS 高压泵。如灌浆量不大，可以采用 HB3、2HB6 型活塞式压浆泵，其参数见表 10-12。

表 10-12　　　　　　　　　HB3 型、2HB6 型灰浆泵参数表

技术参数 ＼ 型号	HB3 型	2HB6 型
输送量/(m³/h)	3	单缸 3 双缸 6
垂直输送距离/m	40	40
工作压力/m	150	150

技术参数 型号	HB3 型	2HB6 型
功率/kW	4	5.5
转速/(r/min)	1440	1440
排浆口胶管直径/mm	51（2″）	51（2″）
进浆口直径/mm	64（2.5″）	64（2.5″）
重量/kg	205	320
外形尺寸/(mm×mm×mm)	1035×480×900	1614×530×1110

LGB 螺杆式灌浆机是一种内啮和回转式容积泵，最大优点：出浆连续无脉动，不会带入空气。同时定子可调，大大地延长了螺杆的寿命，保证了压力稳定的输出，几种型号的螺杆式灌浆机主要性能参数见表 10-13。

表 10-13　　　　　　几种型号的螺杆式灌浆机主要性能参数表

型号规格	进出口径/mm	扬程/m	压力/MPa	功率/kW	0MPa 时理论流量/(m³/h)	0.6～1.2MPa 时流量/(m³/h)	吸程/m	转速/(r/min)
I-1B1	25	50	0.5	1.1	2.39	1.5	2	960
		100	1	2.2				
I-1B1.5	40	80	0.8	2.2	5.2	3.2	3	960
		120	1.2	4.0				
I-1B2	50	80	0.8	3	8.85	5.6	3	960
		120	1.2	5.5				
LGB-3	40	90	2.2	4.0	4.5	3.0	2	1450

真空泵：真空泵是后张预应力孔道真空辅助灌浆的负压形成设备。在应用过程中，可使预应力孔道内部产生-0.06～0.1MPa 的负压并保持住，然后从孔道另一端压入灰浆直至充满整个孔道，BV80 型真空泵技术参数见表 10-14。

表 10-14　　　　　　　　BV80 型真空泵技术参数表

型号	最大气量/(m³/h)	极限真空/MPa	功率/kW	真空泵转速/(r/min)	工作液流量/(L/min)	重量/kg
BV80	80	0.097	2.2	2850	2.5	180

10.3.6.3　灌浆施工

冬季灌浆，要考虑防冻保温措施，确保孔道周边的温度在 5℃ 以上，灌浆时水泥浆的温度为 10～25℃。

灌浆前要用水对孔道进行洗灌，然后用无油的风将孔道内的水吹出。对于长度 50m 以内的孔道可以采取直接灌浆法，直接灌浆要求至少灌注两次，第一次将灌满，然后立即封闭排气孔，然后再次加压到 0.5～0.6MPa，稍后再封闭灌浆孔；对于 50m 以上的孔道可以采用真空辅助压浆法。

（1）直接灌浆工艺。

1）直线孔道采用间隙灌浆，构件一端灌浆；另一端泌水。第一次灌浆当泌水端排出浓浆后，关闭出浆管，屏浆 20min，然后进行第二次压力灌浆和屏浆。

2）曲线孔道。对于多跨曲线孔道，应考虑在曲线低点设灌浆口，曲线高部设泌水管，灌浆方法同直线孔道。

3）高度比较大的立管和斜管中，由于高差太大，顶部往往出现较多泌水。因此，在灌浆工艺上应加以改进，如用反复屏浆排水的方法，把泌水排掉或在孔道顶部立一根直径较大的竖管，收集泌水及补灌水泥浆，以保证钢丝全部被包裹。

（2）真空辅助压浆工艺。真空辅助压浆技术是后张预应力压浆施工的一项新技术，它的基本原理是在孔道的一端采用真空泵对预应力管道先进行抽真空，使之产生−0.08MPa左右的真空度，然后用压浆泵将搅拌好的水泥浆体从孔道的另一端压入直至充满整条孔道，并加以不大于 0.7MPa 的正压力，其灌浆原理见图 10-23。

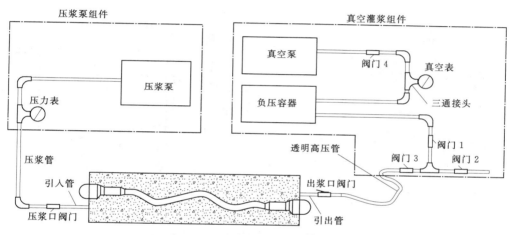

图 10-23　真空辅助灌浆原理示意图

1）真空压浆法优点：

A. 由于孔道内和压浆泵之间的正负压力差，孔道中原有的空气和水被清除。同时，混夹在水泥浆中的气泡和多余的自由水被排出，大大提高孔道内浆体的饱满和密实度。

B. 浆体中的微沫及稀浆在真空负压下率先进入负压容器，待稠浆流出后，孔道中浆的稠度即能保持一致，使浆体密实性和强度得到保证。

C. 压浆过程中孔道具有良好的密封性，使浆体保压并充满整个孔管得到保证。

D. 工艺及浆体的优化，减少浆体的离析、析水和干硬收缩，同时提高浆体的强度，使压浆的饱满性及强度得到保证。

E. 真空压浆过程是一个连续且迅速的过程，缩短了压浆时间。

F. 孔道在真空状态下，减小了由于孔道高低弯曲而使浆体自身形成的压头差，便于浆体充盈整个孔道，尤其是一些异形关键部分。

2）真空辅助灌浆施工。灌浆过程中，真空泵保持连续工作；真空度控制到−0.08～−0.1MPa 之间，并保持稳定。

灌浆时须保证灌浆泵输出的浆体达到要求时，才可将灌浆管接到锚垫板上的引出管上，开始灌浆。

待抽真空端的气流分离器中有浆体经过时，关闭气污分离器前端的阀门，稍后打开排气阀，当水泥浆从排气阀顺通流出，且稠度与灌入的浆体相当时，关闭抽真空端所有的阀门；灌浆结束前其泵压力应达到0.8MPa左右，持续1～2min；完成当日灌浆后，必须将所有水泥浆的设备清洗干净；安装在压浆端及出浆端的球阀，应在灌浆后2h内拆除并进行清理。

10.4 工程案例

10.4.1 南水北调穿黄工程预应力施工
10.4.1.1 工程概况

南水北调穿黄隧洞内径7.0m，外径8.7m。隧洞衬砌由内外两层组成，内、外层按分开受力设计，之间采用两膜一格栅进行分隔。外层为7块钢筋混凝土预制管片错缝拼装圆环形结构；内层为现浇后张法预应力钢筋混凝土结构，混凝土等级为C40，厚度45cm，内衬后的断面为马蹄形，其布置断面见图10-24。标准分段长度为9.6m，预应力锚索间距为45cm，其布置见图10-25。

南水北调穿黄工程环形预应力束采用HM15-12锚预应力结构，锚束沿衬砌混凝土中部环形布置于孔道中。每一锚束设一个预留槽，其槽口尺寸为1000mm×320mm×255mm。每束长26.0m，由12根1860MPa级公称ϕ_j15.24预应力钢绞线集束而成。

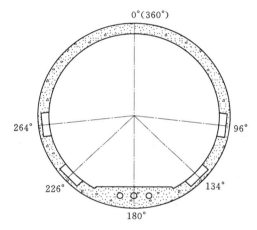

图10-24 内衬结构及预留槽布置断面图

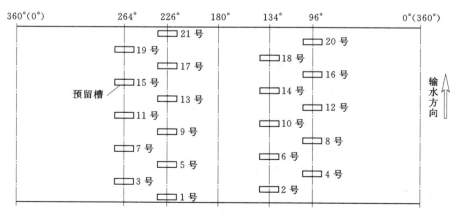

图10-25 标准衬砌段张拉预留槽布置图

10.4.1.2 预应力工程施工方案

上游侧隧洞全长4250m，共分成220仓，采取在中部进行划分南北两岸同时施工。钢绞线下料、编束等加工在洞内进行，钢绞线整捆使用轨道运输车运至施工区域，然后用小型龙门吊卸下。

采用的张拉设备有 YCW350B 千斤顶（供锚索整束张拉使用）、YDC240QX 型前卡式千斤顶（供锚索各单根钢绞线预紧使用）和 ZB4 - 500 型电动油泵。

同一锚束两端在同一块锚板上用 1 台千斤顶实现张拉锚固。主要由 HM15 - 12 工作锚具、配套限位板、弧形垫座及 HM15 - 12 型工具锚板等组成（见图 10 - 26）。

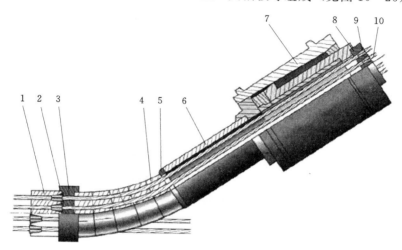

图 10 - 26　穿黄隧洞环锚张拉安装示意图

1—HM 锚板；2—工作夹片；3—限位板；4—偏转器；5—过渡块；6—延长筒；
7—千斤顶；8—工具锚板；9—工具夹片；10—钢绞线

（1）穿索工艺：钢绞线使用砂轮切割机下料，下料长度为 26m。将下好的 12 根钢绞线两端逐根用贴纸标号明确，编索采用编帘法制作，12 根钢绞线平铺顺直不应交叉，并用 18 号铅丝每隔 1m 进行一道编帘和捆扎，穿索前先使用 3m³ 空压机清孔，然后穿入单根钢绞线，将卷扬机钢丝绳传出孔道，与锚索导向帽连接后再用 2t 低速卷扬机进行牵引，人工辅助将锚索送入孔内，直至锚索从另一端穿出并达到要求的长度为止。

（2）张拉台车及千斤顶移动：张拉台车在钢轨上移动，千斤顶、液压油泵等张拉设备均布置在台车上面。台架上布置千斤顶滑道，千斤顶通过挂在滑道上的手动葫芦调整位置见图 10 - 27。

（3）张拉顺序。

第 1 阶段张拉：顺水流方向，左侧奇数号锚索按 1 号、3 号、5 号、7 号、9 号、11 号、13 号、15

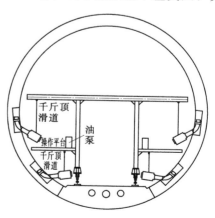

图 10 - 27　张拉台车示意图

号、17 号、19 号、21 号锚索顺序，自小到大，按序张拉后，再右侧偶数号按 2 号、4 号、6 号、8 号、10 号、12 号、14、16 号、18 号、20 号锚索顺序，自小到大，按序张拉。

第 2 阶段张拉：张拉顺序与第 1 阶段相同，即左侧奇数号锚索按序张拉后再右侧偶数号锚索按序张拉。

每节段预应力施工的主要耗用材料、劳动力消耗、机械设备配置见表 10-15～表 10-17。

表 10-15　　　　　　　　每节段预应力施工主要耗用材料表

项　目	材料名称、规格	单　位	用　量
锚束施工	钢绞线设计量	kg	7207.2
	钢绞线实际消耗量	kg	7235.1
	HM-12 锚具	套	21
	型钢	kg	50（台架摊销）
	砂轮片	片	3
锚束管道安装	90 波纹管	m	504
	型钢、钢筋		65
	电焊条	kg	5
灌浆	水泥	kg	3200

表 10-16　　　　　　　每节段预应力施工主要配置的劳动力（人数）
及劳动力消耗表

项目	电焊工（2 人）	电工（2 人）	张拉工（6 人）	灌浆工（6 人）	普工（30 人）
锚束加工、制作					6 工日
管道安装	2 工日				6 工日
管道清理		4 工日			8 工日
穿束					12 工日
张拉			12 工日		8 工日
灌浆				3 工日	6 工日
锚束切割及张拉槽回填					10 工日

表 10-17　　　　　　　预应力施工主要的机械设备配置表

序号	设备名称	规格型号	数量及单位
1	千斤顶	YCW350B	10 台
2	千斤顶	YDC240Q	4 台
3	油泵	ZB4-500	8 台
4	张拉台车	自制	2 台
5	转角装置	配 HM15-12	10 套
6	工具锚板	配 HM15-12	15 块
7	卷扬机	2t	2 台
8	工作台架		14 台
9	3m³ 空压机		2 台
10	灌浆设备		2 套
11	笔记本	12.1 寸	2 台

序号	设备名称	规格型号	数量及单位
12	电瓶车	Jxk-15	2 台
13	砂轮切割机		2 台
14	打磨机		4 台
15	手拉葫芦	1.5t	24 台

10.4.2 居甫渡水电站大坝闸墩预应力混凝土施工

10.4.2.1 工程概况

居甫渡水电站大坝泄洪闸表孔采用弧形闸门，闸门尺寸 13m×20.6m（宽×高），推力较大。中墩和边墩均采用预应力混凝土结构，预应力锚索分主锚索和次锚索进行设计布置。主锚索顺流向布置，预留锚索孔道长度为 22.7m，其张拉力为 3000kN，共有 100 根；次锚索垂直于流向水平布置，中墩和边墩预留次锚索孔道长度分别为 8.4m 和 5.9m，其张拉力为 1800kN，共有 126 根。锚索均为混凝土内预埋钢管黏结式锚索；主锚索外端均锚固于钢筋混凝土锚块上。次锚索锚固于大梁两侧，其布置见图 10-28。

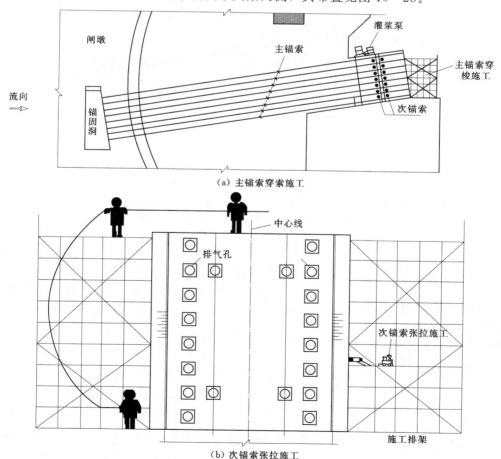

（a）主锚索穿索施工

（b）次锚索张拉施工

图 10-28　闸墩预应力锚束布置图

预应力锚索基本设计技术参数见表 10-18。

表 10-18　　　　　　　　　　预应力锚索基本设计技术参数表

锚索	工作荷载/kN	预埋钢管/mm	钢绞线/束	钢绞线强度/MPa	控制张拉力/kN	长度/m	备 注
次锚索	1800	ϕ95	12	1860	1980	5.9	7号、10号坝段边墩
次锚索	1800	ϕ95	12	1860	1980	8.4	8号、9号坝段中墩
主锚索	3000	ϕ108	19	1860	3300	22.7	边墩及中墩

10.4.2.2　施工总体布置

(1) 施工道路布置。施工人员均通过交通爬梯到达施工部位，主要设备材料通过塔机吊运至部位。其中次锚索在锚块平台上制作，制作完毕，通过卷扬机及辅助滑架将锚索放至锚孔高程，仓面与锚块之间设置人行安全爬梯。

(2) 预应力加工场布置。预应力钢绞线的加工场地布置在 5～6 号坝段坝前左岸高程 478.00m 公路上。根据预应力锚索的设计最大长度，加工场的占地面积约 30m×12m。该加工场主要用于预应力钢绞线下料、部分预应力锚索及附件加工制作和原材料、预应力锚索成品、承载预埋钢管及锚索体的架子制作及附件的堆存场所。

10.4.2.3　施工工艺及方法

根据现场实际情况，锚索采取预埋钢管仓外组装，塔机吊运入仓仓内整体预埋的方式。

(1) 承载预埋钢管及锚索体的架子制作。仓内待混凝土浇筑至锚固洞底部高程 506.20m 后，在混凝土中预埋 ϕ100mm 的钢管立柱，按锚索钢管的埋设尺寸要求在钢管立柱上标示高程后在立柱顶部焊接斜面钢板，锚索整体架吊入仓内后按要求在钢板上焊接固定。搭设的架子必须稳定牢固，满足承载、吊运要求。架管、管卡质量必须有保证，满足规范要求，架管壁厚 δ≤3.5mm。管架采用斜支撑、剪刀架与主承载部位增加立柱密度相结合的措施，满足承载要求。

(2) 预埋钢管焊接。按要求焊接钢管至设计长度，焊接质量符合设计要求，接头处采用手工电弧焊点焊连接固定，然后加以密封，密封材料采用海绵等柔性物资，先将缝隙封堵，然后在海面外面包裹一层薄铁皮用铁丝绑扎固定，确保穿束和吊运时不变形，混凝土浇筑时不漏浆。在钢管两端装好螺旋筋，焊接上锚垫板，锚垫板牢固焊接在钢管上，其预留孔的中心位置置于钢管轴线上，平面与钢管轴线正交。钢管在距两端锚垫板 50cm 处开口焊接上长为 1m 的 ϕ25mm 镀锌钢管，ϕ25mm 镀锌钢管成 45°伸出混凝土外，作为张拉后的灌浆管和排气管，其中灌浆管位与锚索最低处，排气回浆管位于锚索最高处。

混凝土浇筑之前，必须仔细检查预埋管道。混凝土浇筑过程中，设专人值班，发现问题及时处理。混凝土浇筑过程中以及拆除模板后，及时用压力风、水检查孔道通畅情况，并将孔口用封孔板作临时性封堵。

(3) 锚索体制作。锚索使用砂轮切割机下料。下料长度为：L＝钢管内索体长度＋两端外露长度。下好的钢绞线顺直排列在加工平台上，保持长度一致。按照设计图纸要求，间隔 1m 用铅丝将锚索捆扎牢固。对组装好的锚索应妥善放置备用。锚索穿好后，对钢管两端进行加固封闭处理。

待锚墩混凝土浇筑完成后开始穿索施工，组装好的锚索钢绞线利用塔机吊至高程 511.927m 平台堆放，采用人工下索的穿索方式。在穿索时，操作人员要协调一致，用力均匀，保证锚索体在钢管内顺直不扭曲。

（4）装锚夹具。清理锚具、工作夹片及钢绞线表面，夹片及锚具锥孔无泥沙等杂物。将钢绞线按周边序和中心序顺序理出，穿入锚具，套上夹片，推动锚具与钢垫板平面接触，用尖嘴钳、改刀及榔头调整夹片间隙，使其对称。

（5）张拉。锚索张拉带混凝土的承载强度达到施工图纸规定值后进行。张拉方式采用先单根预紧张拉后整体张拉方式。张拉设备采用：ZB4-500 型电动油泵、YDC240Q 型单根张拉千斤顶、YCW250A 型、YCW350A 型整体张拉千斤顶。千斤顶、压力表在张拉前率定，获得油压与千斤顶张拉力之间的关系曲线，指导张拉过程中张拉力的施加。

张拉程序为：装锚夹具→预紧循环张拉→第一级整体张拉→第二级整体张拉→第三级整体张拉→第四级整体张拉。

1）初始预紧循环张拉。用单根张拉千斤顶 YDC240Q 将钢绞线按照先中间后周边对称分序张拉的原则进行，施加预应力为 30kN。

2）分级整体张拉。预紧张拉结束后，按 $20\%P$→$50\%P$（稳压 5min）→$75\%P$（稳压 5min）→$100\%P$（稳压 5min）→$110\%P$（稳定后锁定），其中 P 为设计荷载。

3）在非张拉端派专人看守，张拉过程出现问题立即处理。锚索张拉应缓慢连续匀速进行。张拉中严格量测、记录锚索在不同张拉吨位的伸长值和油表读数等，发现异常应暂停张拉，分析处理后继续张拉。

4）锚索锁定 48h 后，若锚索张拉力降至设计荷载以下应进行补偿张拉。

（6）注浆。张拉结束后，立即进行了灌浆封锚。灌浆采取全孔一次注浆。浆液从注浆管向内灌入，气从排气管（回浆管）排出。

制浆设备采用 ZJ-400 型高速搅拌机，送浆采用 3SNS 高压泵，浆液配比：采用野象牌 P·O 42.5 普通硅酸盐水泥，水灰比 0.42。对于斜管，由于高差大，顶部泌水较多，采用从低端向高端压力灌浆，从高端补浆的方法，并在高端锚束端部安装灌浆罩，收集泌水及补灌水泥浆。

锚索注浆前，应分析可能的浆液灌注量，检查库存水泥是否足够；制浆设备、送浆管路、灌浆泵、灌浆管路是否正常；检查注浆管是否畅通无阻，确保灌浆过程顺利，避免因中断情况影响注浆质量。

注浆结束标准：灌浆压力为 0.5～0.6MPa，排出的浆液浓度与灌入的浆液浓度相同，且不含气泡时为止。

（7）封锚。锚具外的钢绞线除留存 10cm 外，其余部分切除。外锚具或钢绞线端头，按要求用水泥砂浆封闭保护，保护层的厚度应不小于 5cm，浇筑封端混凝土。

10.4.2.4 资源投入

预应力锚索施工主要投入设备和主要投入劳动力配置见表 10-19 和表 10-20。

表 10 - 19　　　　　　　　　　主 要 投 入 设 备 表

名　称	型　号	规　格	数量	额定功率/kW
塔吊	K80		1	
高速搅拌机	ZJ - 400	400L	1	7.5
灌浆泵	3SNS	$Q=100\text{L/min}$，$P=10\text{MPa}$	1	11
电动油泵	ZB4 - 500	$P=50\text{MPa}$	4	11
千斤顶	YCW400B	400t	2	
千斤顶	YCW250B	250t	2	
千斤顶	YDC240Q	24t	2	
电焊机	BKX500		4	33
钢筋切割机	40		2	5.5
载重汽车		5t	1	

表 10 - 20　　　　　　　　　　主 要 投 入 劳 动 力 配 置 表

序号	名称	单位	数量	序号	名称	单位	数量
1	管理人员	人	4	6	司机	人	4
2	张拉工	人	16	7	电工	人	2
3	灌浆工	人	8	8	辅助用工	人	20
4	油泵操作工	人	4	9	合计	人	64
5	电焊工	人	6				

10.4.2.5　施工进度

预应力锚索各工序施工过程中，除预应力管道埋设与其他工序交叉作业外，预应力锚索其他各后续工序施工与其他项目施工均为平行作业。溢流坝段单个闸墩预应力锚索施工时间见表 10 - 21。

表 10 - 21　　　　　溢流坝段单个闸墩预应力锚索施工时间安排表

时间/d　　　项目	5	5	5	5
整体架组装及安装	整体架组装安排10d内完成，吊装与钢筋施工同时进行，占用时间2d			
排架搭设				
锚索安装				
锚索张拉				
孔道灌浆				
排架拆除				

参 考 文 献

［1］ 潘家铮，何璟. 中国大坝 50 年. 北京：中国水利水电出版社，2000.

［2］ 中国葛洲坝集团公司. 三峡工程·施工技术·二期工程卷. 北京：中国水利水电出版社，2003.

［3］ 张怀生. 水工沥青混凝土. 水利水电施工，2003（12）.

［4］ 王德库，金正浩. 土石坝沥青混凝土防渗心墙施工技术. 北京：中国水利水电出版社，2006.

［5］ 马敬，蒋兵. 高寒地区碾压式沥青混凝土心墙施工配合比的确定及温度控制. 中国农村水利水电，2008（7）.

［6］ 祁世京. 土石坝碾压式沥青混凝土心墙施工工序控制要点. 施工组织设计，2003（1）.

［7］ 常焕生，孙国红，孟吉. 尼尔基大坝碾压式沥青混凝土心墙施工技术. 水力发电，2004.4（30）

［8］ 陈春雷，戈文武. 西龙池抽水蓄能电站上库盆沥青混凝土面板施工. 水利水电技术，2008，11（39）.

［9］ 张怀生. 水工沥青混凝土防渗技术. 水利水电施工，2006（4）.

［10］ 劳俭翁. 白溪水库大坝二期面板聚丙烯纤维混凝土施工. 华东水电技术，2002（1）：70－73.

［11］ 钱庆，张经双. 纤维混凝土特性研究及应用前景. 西部探矿工程，2005（10）：166－167.

［12］ 武太峰. 钢纤维混凝土性能与应用前景. 科技信息（科学教研），2007（23）：131－131.

［13］ 张远曙，杨松玲. 高性能钢纤维硅粉混凝土的试验研究及其在三峡工程中的应用. 第十届全国混凝土及预应力混凝土学术交流论文集，1998.

［14］ 水利部水利水电规划设计总院，中水东北勘测设计研究有限责任公司. 水利水电工程施工组织设计手册. 第三卷 施工技术. 北京：水利电力出版社，1987.

［15］ 吴来峰，张锡祥. 水工补偿收缩混凝土. 北京：中国水利水电出版社，2011.

［16］ 胡竟贤，纪建林. 自密实混凝土性能及其在三峡三期工程中的应用. 西北水电，2005（4）.

［17］ 曹中升，程志华. 三峡工程泄洪坝段导流底孔封堵混凝土施工技术. 葛洲坝科技，2006（42）.

［18］ 中国葛洲坝集团股份有限公司. 三峡工程·施工技术·三期工程卷. 北京：中国水利水电出版社，2003.

［19］ 程志华，杨丹锋，孙昌忠. 三峡工程右岸重件码头水下不离析混凝土施工技术. 葛洲坝科技，2006（4）：

［20］ 李罕赫，张智操，谢昆壳. 模袋混凝土在泥河水库护坡工程中的应用. 水利科技与经济，2010，6（6）：16.

［21］ 曹林. 长江九江河段深水模袋护岸技术的应用与研究. 水利水电技术，2007，10.

［22］ 龚前良. 干贫混凝土在宜兴抽水蓄能电站的应用. 南水北调与水利科技，2008（6）：2.

［23］ 刘攀，唐芬芬. 干贫混凝土在洪家渡面板堆石坝填筑中的应用. 人民长江，2004.7（35）.

［24］ 王亚文，廖光荣，周俊芳. 面板堆石坝挤压混凝土边墙技术在水布垭面板坝中的应用. 水力发电，2004（1）.